光子微结构的设计、制备与表征研究

靳文涛　宋　萌◎著

吉林大学出版社

·长春·

图书在版编目（CIP）数据

光子微结构的设计、制备与表征研究 / 靳文涛, 宋萌著. -- 长春：吉林大学出版社, 2022.8
ISBN 978-7-5768-0446-1

Ⅰ.①光… Ⅱ.①靳… ②宋… Ⅲ.①光子－研究 Ⅳ.①O572.31

中国版本图书馆CIP数据核字(2022)第186142号

书　　名：光子微结构的设计、制备与表征研究
GUANGZI WEIJIEGOU DE SHEJI、ZHIBEI YU BIAOZHENG YANJIU

作　　者：靳文涛　宋　萌　著
策划编辑：殷丽爽
责任编辑：刘守秀
责任校对：单海霞
装帧设计：雅硕图文
出版发行：吉林大学出版社
社　　址：长春市人民大街4059号
邮政编码：130021
发行电话：0431-89580028/29/21
网　　址：http://www.jlup.com.cn
电子邮箱：jldxcbs@sina.com
印　　刷：长春市中海彩印厂
开　　本：787mm×1092mm　1/16
印　　张：9.5
字　　数：170千字
版　　次：2023年8月　第1版
印　　次：2023年8月　第1次
书　　号：ISBN 978-7-5768-0446-1
定　　价：80.00元

前　言

光子微结构是一种性能优异的光子材料,在实现人为操控光子运动方面具有十分诱人的应用前景,同时也为开发全光通信所需的光子学器件提供了新的可能。光子微结构制备技术的成熟和完善对推动光子微结构的深入研究以及实用化方面都具有重要的意义。然而,传统制备光子微结构的方法往往具有一定的局限性,存在设备复杂、制备难度大、结构单一、灵活程度低、制作效率不高、成本昂贵、不利于大规模生产等缺点。光感应技术是近些年发展起来的一种制备光子微结构的新方法。它主要利用光折变介质的光致折射率变化特性,通过调制入射光的空间强度分布来形成折射率微结构,具有简便、灵活、成本低、易于实现、材料可循环使用等优势。目前绝大部分有关光感应法制备光子微结构的报道都制作的是周期性微结构,且普遍存在制作面积小、效率不高等问题。对于折射率分布呈现非周期形态的复杂光子微结构,由于制作难度大,相关的研究进展一直较为缓慢。本书以光感应技术为基础,对在光折变晶体中制作各种类型光子微结构进行了系统的介绍。

本书共分七章,其中第1章较为详细地介绍了光子微结构的基本概念和研究现状;第2章介绍了光感应技术的理论基础以及光折变铌酸锂晶体的基本性质;第3章介绍了以多针孔板法为基础的光折变准晶光子微结构的制备与表征;第4章介绍了提高光折变光子微结构制备效率的部分实验方法;第5章介绍了复杂类型光折变光子微结构的实验制备与表征;第6章介绍了光折变光子微结构的布拉格光学特性分析;第7章是总结与展望。

本书由中原工学院靳文涛、郑州工程技术学院宋萌共同编写完成,其中靳文涛编写了第1章至第5章,宋萌编写了第6章、第7章。

本书的出版得到了国家自然科学基金项目(项目编号:11947019)、河南省高等学校重点科研项目(项目编号:21A140030)、河南省高等学校青年骨干教师培养计划项目(项目编号:2021GGJS112)、郑州市科技局基础研究及应用基础研究项目(项目编号:zkz202115)、中原工学院青年骨干教师培养计划项目(项目编号:2020XQG15)的支持。

　　限于作者学识与水平,且成书时间仓促,书中难免有欠妥之处,敬请读者和有关专家批评指正。

作者

2021 年 9 月

目 录

第1章 绪论 ……………………………………………………… 1

1.1 研究背景与意义 ……………………………………… 1

1.2 光子微结构制备技术的研究现状 ……………………… 4

1.2.1 传统的光子微结构制备技术 ……………………… 4

1.2.2 光感应技术制备光折变光子微结构 ……………… 9

1.3 本书的主要研究内容和特色 …………………………… 12

1.3.1 本书的主要研究内容 ……………………………… 12

1.3.2 本书的特色 ………………………………………… 15

1.4 本书的结构安排 ………………………………………… 16

参考文献 ………………………………………………………… 17

第2章 光感应技术的理论基础 …………………………………… 28

2.1 电光效应 ………………………………………………… 28

2.2 光折变效应 ……………………………………………… 29

2.3 光折变过程的带输运模型 ……………………………… 31

2.4 光折变材料——铌酸锂晶体 …………………………… 32

2.5 光波在非线性光学介质中传播的基本方程 …………… 35

2.6 光折变非线性 …………………………………………… 37

2.6.1 线性电光效应 ……………………………………… 38

2.6.2 带运输模型 ………………………………………… 39

2.6.3 各向同性近似模型 ………………………………… 41

2.6.4 各向异性模型 ……………………………………… 42

2.7 周期性光学微结构 ⋯⋯⋯⋯⋯⋯⋯⋯⋯⋯⋯ 43

2.7.1 光子带隙频谱 ⋯⋯⋯⋯⋯⋯⋯⋯⋯⋯ 45

参考文献 ⋯⋯⋯⋯⋯⋯⋯⋯⋯⋯⋯⋯⋯⋯⋯ 47

第3章 光折变准晶光子微结构的制备与表征 ⋯⋯⋯ 51

3.1 准晶光子微结构的研究背景 ⋯⋯⋯⋯⋯⋯ 51

3.2 多针孔板方案的理论基础 ⋯⋯⋯⋯⋯⋯⋯ 55

3.3 二维光折变准晶光子微结构的制备与表征 ⋯⋯ 59

3.4 三维光折变准晶光子微结构的制备与表征 ⋯⋯ 64

3.5 本章小结 ⋯⋯⋯⋯⋯⋯⋯⋯⋯⋯⋯⋯⋯ 70

参考文献 ⋯⋯⋯⋯⋯⋯⋯⋯⋯⋯⋯⋯⋯⋯⋯ 71

第4章 大面积二维光折变光子微结构的制备与表征 ⋯ 78

4.1 多透镜板法制备大面积二维光折变光子微结构 ⋯ 79

4.1.1 多透镜板法的基本原理 ⋯⋯⋯⋯⋯⋯ 79

4.1.2 大面积二维三角晶格光子微结构的制备与表征 ⋯ 83

4.2 多楔面棱镜法制备大面积二维光折变光子微结构 ⋯ 87

4.2.1 多楔面棱镜的基本原理 ⋯⋯⋯⋯⋯⋯ 88

4.2.2 大面积二维四方晶格与准晶光子微结构的

制备与表征 ⋯⋯⋯⋯⋯⋯⋯⋯⋯⋯⋯ 90

4.3 本章小结 ⋯⋯⋯⋯⋯⋯⋯⋯⋯⋯⋯⋯⋯ 95

参考文献 ⋯⋯⋯⋯⋯⋯⋯⋯⋯⋯⋯⋯⋯⋯⋯ 95

第5章 二维复杂光折变光子微结构的制备与表征 ⋯⋯ 100

5.1 基于多光束干涉原理的复合周期光子微结构制备 ⋯ 100

5.1.1 多光束干涉产生复合周期光强图案的原理 ⋯ 100

5.1.2 多光束干涉制备复合周期光子微结构 ⋯ 102

5.2 基于投影成像方法的复杂光子微结构制备 ⋯ 107

5.2.1 投影成像法的原理与基础 ⋯⋯⋯⋯⋯ 109

5.2.2 投影成像法中光源的选取 ⋯⋯⋯⋯⋯ 112

    5.2.3 投影成像法制备复杂类型光子微结构 …………… 112

  5.3 本章小结 ……………………………………………… 117

  参考文献 ………………………………………………… 118

第 6 章 光折变光子微结构的布拉格光学特性研究 ………… 123

  6.1 布拉格衍射与布拉格条件 ……………………………… 123

  6.2 正向入射的布拉格衍射分析 …………………………… 125

    6.2.1 晶体正向放置 ……………………………………… 126

    6.2.2 晶体斜 45° 放置 ………………………………… 129

  6.3 侧向入射的布拉格衍射分析 …………………………… 132

  6.4 本章小结 ……………………………………………… 134

  参考文献 ………………………………………………… 135

第 7 章 总结与展望 ……………………………………………… 138

  7.1 本书总结 ……………………………………………… 138

  7.2 研究展望 ……………………………………………… 140

第 1 章　绪论

1.1　研究背景与意义

20 世纪 50 年代以来,随着半导体技术的大范围应用,人类社会进入了高速发展的信息时代。以半导体器件为基础的微电子技术给信息领域带来了革命性的变化。步入 21 世纪,计算机网络和信息高速公路技术的日趋完善,使信息科学和信息技术得到了迅猛的发展。信息技术在科学研究和社会经济领域发挥了日益重要的作用,人们对信息传输中速度和容量上的需求也出现了爆炸式的增长。而电子器件集成度的不断提高,已使得半导体工艺逐渐接近其物理极限。在纳米尺度下,半导体中电子的量子波动效应越来越显著。半导体器件在传输速率、功耗、成本等方面都出现了很多难以克服的问题。导致这些问题出现的根本原因在于半导体器件的工作载体是电子,而电子是一种费米子,它具有静止质量,带有单位电荷,电子之间存在库仑力的相互作用。当器件尺度很小、集成度很高的时候会产生显著的热效应,且相互之间干扰严重,这些特性导致了"电子瓶颈"效应的产生。"电子瓶颈"限制了微电子技术的进一步发展,使微电子器件在信息容量、处理速率和空间相容性方面已逐渐难以满足信息技术增长的需要。因此,能否有效解决微电子技术极限引起的"电子瓶颈"问题,将对人们今后的社会生活、经济发展和科学研究产生深远的影响。

光学技术的深入发展给解决"电子瓶颈"的难题带来了新的希望,利用光子代替电子作为信息载体来进行信号的传输和处理被认为是目前最有前途的解决方案之一[1-5]。作为传递信息的载体,与电子相比光子具有很多突出的优势。首先,光子的传输速率是 10^8 m/s,远远高于电子的 $10^4 \sim 10^5$ m/s。其次,光在可见光波段的频率为 10^{14} Hz量级,而微波段的电磁波频率仅为 10^{10} Hz量级,因此光子的信息容量要比电子高出三个数量级以上。且光子是一种玻色子,呈电中性,彼此之间没有库仑力作用,不存在电磁串扰,具有高度的空间相容性和并行性。此外,光子还可以进行海量信息的三维存储,在可见光波段(典型波长约500 nm)光子的信息存储密度可达 10^{12} bit/cm^3 量级,巨大的存储容量令以往的电子存储方式望尘莫及。实现光子代替电子,必然会引起信息技术和信息产业发生革命性的飞跃,但是由于光子呈现电中性,所以很难对光子进行直接有效的控制。要利用光子来进行信息的传递和处理,首要任务就是找到能有效控制光子运动行为的方法,而这也正是光子学和光子技术的研究重点。

光子学和光子技术的发展是人类对光的本质不断探索的结果[6-9]。1960年,美国物理学家希尔多·梅曼成功地研制出了世界上第一台红宝石激光器[1]。激光器的诞生使古老的光学学科迸发出了新的活力。在此之后不久,美国的P. A. 弗兰肯和他的同事进行了一项实验,这个实验大大改变了当时人们对光学的认识[2]。他们把红宝石激光器发射出的 694.3 nm 的辐射光聚焦到一片石英晶片上,在透过石英晶片的出射光中他们发现了频率是入射光频率2倍的新的光频成分,即 347.15 nm 的倍频光。这是人们第一次观察到所谓的光学二次谐波现象,或称之为"光学倍频效应"。人们普遍把光学倍频效应的发现看作是非线性光学的开端。年轻的而又富有活力的非线性光学到现在已经发展成为一个非常广阔的研究领域。从研究光与物质相互作用的基本原理到各种光学技术的实际应用,非线性光学无不扮演着日益重要的角色,它已经成为现代光学的一个重要分支[3]。

在 1961 年以前,光在介质中的传播基本上被认为是一种线性的现象。在先前的所有光学实验中,光波在透明光学介质中的透射、反射和折射都不受光波强度以及是否有其他光束存在的影响[4]。在这种线性光学的状态下，线性叠加原理是适用的，光波的输出强度与输入强度成正比例关系，而且输入光波的频率与输出光波的频率是始终相同的。

然而，当一束光波的光强度非常大的时候，如果其电场强度足以和物质材料原子内部的电场强度相比拟，这时光波与物质材料会发生相互作用。在光波传播到的地方，材料的极化密度和折射率会发生局域性的改变。在这种非线性光学状态下，光束可以动态地影响自身的传播，甚至影响其他光束的传播。这一特点使得非线性光学在未来的全光光子技术领域具有巨大的应用潜力，它将为实现利用光束本身来动态地控制光束提供一种有效的工具。

光子材料和器件是光子技术的基础与支撑[10-20]。光子材料研究的不断突破是推动光子技术飞速发展的一个重要动力。光子微结构作为一类性能优异的人工微结构材料，在实现人为操控光子运动方面具有十分诱人的应用前景。光子微结构的定义非常宽泛，涵盖了多种材料结构。这些材料结构具有一些基本的共同特点，即在原本均匀的光学介质中通过人工的手段产生折射率调制或突变，并且使这些调制和突变的空间尺度与光波的波长相比拟。介质的折射率在经过调制和突变后，其光学性质与以前相比发生了显著的变化，会产生一些在均匀光学介质中从未出现过的新现象。例如，当光波在光子微结构材料中传播时，光波的传输行为和模式会受到微结构的调制作用而出现分立化，呈现出明显的"粒子性"特点，符合准动量守恒和能量守恒的关系，从而出现反常衍射、反常折射、分立孤子等奇特的现象[21-25]。这些新现象和新效应加深了人们对光波本质的认识，为控制光波的传输行为提供了新的思路。使人们能够以新的方式操控光子运动，有助于光子技术进一步走向实用化。因此，对光子微结构进行相关研究就具有非常重要的现实意义。

光子微结构涵盖的种类非常丰富，例如多层介质膜、Bragg 光纤光栅、光子晶体、光子晶体光纤、波导阵列、光学微谐振腔等[26-31]。这些形态各异的光子学结构都属于光子微结构的范畴。利用光子微结构具有的调控光波运动的特性,可以研制出一系列全新原理的高性能光子器件[32-41]。这有望取代大部分传统光学器件,在全光通信、光互联、光信号处理、微纳光子学等信息科学相关领域发挥至关重要的作用[42-45]。因此,近年来光子微结构逐渐成为各国科学家重点关注和研究的一个热点。光子微结构制备技术的提高影响着光子微结构相关研究的深入发展。然而,在当前光子微结构的制备工艺中普遍存在设备复杂、成本昂贵、制备效率低、不适合大批量生产、制作类型单一等问题。尤其是对于一些新型的复杂光子微结构(如准晶类型、复合周期类型,以及带有各种缺陷的光子微结构),传统的制备技术往往难以进行制作。因此,如何能够克服目前光子微结构制备技术中存在的各种不足,灵活、低成本地实现各种类型光子微结构的高效制备是一个很有价值的研究课题。本书以光折变材料为基质,重点对光子微结构的制备技术进行了深入的研究。

1.2 光子微结构制备技术的研究现状

1.2.1 传统的光子微结构制备技术

光子微结构中折射率调制的空间尺度与光波波长相比拟,一般在微米和亚微米量级。在这个尺度上进行材料的精密加工需要制备工艺满足较高的要求。一维的光子微结构相对比较容易制作,传统的镀膜技术就可以满足大部分一维微结构的制备要求,且工艺较为成熟[46-47]。像各类光学元件中用于高反射、高透射和分布反馈作用的一维光子微结构(即多层介质膜)已经实现了实用化和产品化。二维和三维的光子微结构制备比一维光子微结构要复杂得多,对制备技术提出了很高的要求。经过不断的努力,研究人员逐步探索出了多种制作光子微结构的技术[48],有些已经在实用化的道路上取得了较大的突破。

精密机械加工是较早实现光子微结构制作的一种方法。它是在介质基底材料上进行精密机械加工,打出一系列孔洞,通过空气介质和介质基底材料交替分布来产生各个方向上的折射率周期性变化。1991 年 Yablono-vitch[49]等人在砷化镓介质板上采用机械钻孔的方式制作出了具有完全光子禁带的三维光子微结构,如图 1-1 所示,这是一种金刚石类型的微结构。这种方式制作的光子微结构其光子禁带大部分处于微波频段,加工的结构周期尺度一般在毫米量级,且工艺比较复杂,效率很低。当介质基底中孔钻得较深且彼此交叉时,孔的位置会发生偏离,影响制作结构的周期准确性。对于更小周期尺度的光子微结构制作机械加工的方式几乎是无能为力的,因此该方法仅在早期尝试性实验中采用[50]。

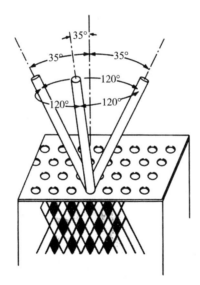

图 1-1　精密机械加工法制备光子微结构[49]

逐层叠加法是 1994 年由 Özbay[51]等人提出的一种制作层状光子微结构的方法。该光子微结构由一系列的介质棒组成,如图 1-2 所示。每一层中的介质棒都平行等间距地排列,相邻两层介质棒之间的排列方向垂直,并且层与层之间的介质棒排列可以具有一定的位移差。以此类推,逐层叠加,就构成了具有一定周期特点的三维光子微结构。该方法在制备过程中要用到镀膜、光刻、腐蚀等一系列加工手段,制作工艺比较复杂[52-53]。

图 1-2　逐层叠加法制备光子微结构[51]

　　微电子领域成熟的半导体技术同样可以用于光子微结构的制作,如图 1-3 所示,主要包含化学气相沉积、干法刻蚀、湿法刻蚀、外延生长、光刻等工艺。根据材料可以分为Ⅲ-Ⅴ族半导体基、硅基、金属基以及聚合物/陶瓷基等。使用半导体工艺方法能够有效地制作出周期尺度在微米、亚微米量级的二维和三维光子微结构。该方法目前已经成为制作光子微结构的核心方法之一[54],但是它的工艺比较烦琐,造价昂贵,且在制作周期性结构以外的微结构和引入缺陷结构方面存在较大的局限性。

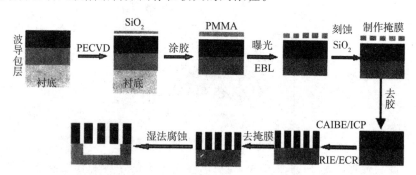

图 1-3　半导体工艺制备光子微结构

　　拉光纤法是由 Tonucci[55]等人在 1992 年提出的一种用于制作"无限深"二维光子微结构的方法。将空心的玻璃管按照一定的结构分布紧密堆积在一起,再将它们拉制成光纤,这样就形成了一种横截面上具有特定二维几何结构,纵向上近似为无限长的光纤式二维光子微结构,如图 1-4 所示。在这种方法制作的二维光子微结构中可以得到丰富而有趣的光学现象,例如可见光区的光子带隙、无限单模的带通、可控的色散特性、高双折射特性,以及可设计的非线性特性[56]。拉光纤方法制作的光子微结构促进了光子晶体光纤(即微结构光纤)的研制和发展。各种各样具有不同横截面结构的光子晶体光纤不断被设计和制作出来。光子晶体光纤作为光子微结构的一个重要应用实例,已经成为一个非常活跃的研究领域[57]。然而,该方法仅适合于制备纤维状的二维光子微结构,因此也具有较大的局限性。

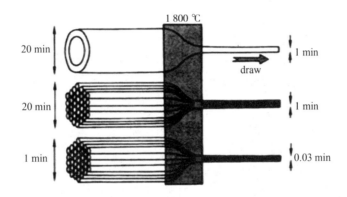

图 1-4　拉光纤法制备光子微结构[48]

电子束光刻能够实现微米和亚微米量级的超微细加工,可用于制作光子微结构[58]。2001 年 Xu[59] 等人用电子束光刻的方法在硅材料上制作出了二维的光子微结构,如图 1-5 所示。由于硅的折射率很高,因此制作出的光子微结构具有较高的折射率对比度,这有利于实现良好的光子带隙特性。电子束光刻的不足之处是透光率较低,工艺复杂,且制作成本较高。

激光直写技术也可以实现光子微结构的制作。用聚焦后的激光束照射感光树脂,控制激光的照射强度,仅使聚焦区域的光强度达到感光树脂的感光阈值。通过精密地控制激光束,能够在感光树脂上扫描加工出任意形状的二维、三维光子微结构[60]。2004 年 M. Deubel[61] 等人采用激光直接写入的方法制作出了三维的光子微结构,如图 1-6 所示。该方法同样存在工艺复杂、设备昂贵、制作成本较高、制备效率低的缺点。

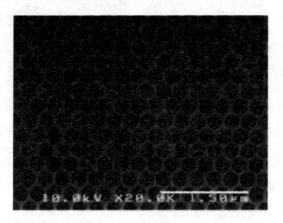

图 1-5 电子束光刻技术制备的二维光子微结构[59]

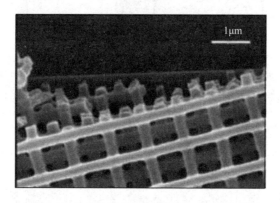

图 1-6 激光直写技术制备的三维光子微结构[61]

反蛋白石法也是一种研究较多的光子微结构制作方法[62]。蛋白石是一种非晶质宝石,是天然硬化的二氧化硅的水合物。它是由直径为数百纳米的二氧化硅小球立方最密堆积或面心立方点阵构成。反蛋白石结构则是指低折射率的介质小球以密堆积方式排列在高折射率的连续介质里。在制备过程中先将高折射率介质填充入蛋白石结构模板,使高折射率介质填满模板中的缝隙,再采用腐蚀、煅烧等方法除去原来的模板材料。这样就形成了反蛋白石类型的光子微结构,如图 1-7 所示[63]。用这种方法可以制备出具有可见光、近红外波段光子带隙的光子微结构。反蛋白石法比较简便、廉价,但制作出的光子微结构机械强度不高,且尺寸有限,这限制了它的应用范围。

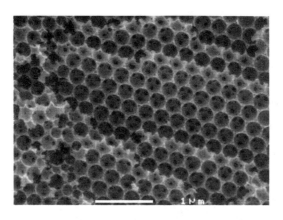

图 1-7　反蛋白石法制备的光子微结构[63]

除了上述几种制备方法外，目前研究较多的光子微结构制备技术还有胶体自组装、双光子吸收、飞秒激光干涉加工、多点曝光技术等[64-67]。上面列举的各种制备方法虽然在不同程度上实现了常见类型光子微结构的制作，但是每种方法都存在一定的局限性。有的方法设备复杂，制备难度大；有的方法制作效率低，难以实现产品化；有的方法制作的结构单一，灵活性差，难以制作多种类型的结构；还有些方法成本昂贵，不利于大规模生产。尤其是对于当前研究热点的复杂类型光子微结构[68-73]（如准晶类型、复合周期类型，以及带有各种缺陷的光子微结构），用上述这些方法大都难以进行有效的制备。这些制备技术上存在的不足很大程度上限制了光子微结构，尤其是复杂类型光子微结构相关研究的进一步发展。

1.2.2　光感应技术制备光折变光子微结构

光感应技术是近些年发展起来的一种制作光子微结构的新方法，它主要利用光折变材料的光致折射率变化特性，通过调制入射光的空间强度分布来形成折射率微结构[74-75]。光折变效应是 Ashkin[76-77] 等人在 1966 年首次发现的，它是电光材料在光照下由于光波的空间强度分布不均匀而引起介质折射率产生局部改变的一种非线性光学现象。当非均匀的光波辐照在光折变材料上,材料内部会逐渐形成与辐照光空间强度分布对应的折射率变化。从宏观上看,就如同介质被光强图案"感应"出了相应的折射率分布。使若干个相干激光束发生干涉,产生明暗相间的光强图案并辐照光折变材料,就能在材料内部感应出与干涉条纹类似的体光栅,即折射率微结构[78-80]。通过控制相干激光束的数目和干涉夹角可以控制干涉图案的条纹形状和间距大小,从而在光折变材料中制作出结构参数灵活可控的折射率调制光子微结构,如图 1-8 所示。

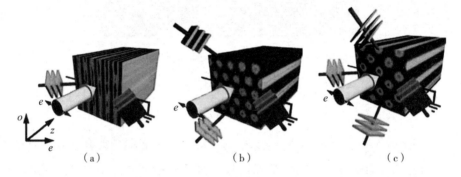

（a）　　　　　　　　（b）　　　　　　　　（c）

图 1-8　多个平面波干涉在光折变介质中制作一维、二维光子微结构的示意图[78]

（a）双光束干涉；（b）三光束干涉；（c）四光束干涉

光折变材料具有较高的光辐照灵敏度和可饱和特性,光感应的折射率变化可以在非常低的辐照功率（mW 量级,甚至 μW 量级）下实现。光感应技术的特点决定了人们不仅可以用全光学的方法在光折变介质中非常方便地构建出各种一维、二维以及三维的周期性光折变光子微结构,还能够通过复杂的多光束干涉实现准周期、复合周期的光强度分布图案,这为制作准晶和复合周期类型的复杂光子微结构提供了可能。这种高度的灵活性和可扩展性是前面提到的各种传统微结构制备技术所不具备的。此外,光感应技术对仪器设备要求非常低,不需要苛刻的实验环境,几乎可以在所有的普通实验室条件下进行制备,成本大大降低。当使用的光折变介质是铌酸锂等电光晶体时,材料中制作的光折变折射率微结构可以通过加热或非相干光辐照等方式处理而被擦除,进而制作新的折射率结构,晶体材料可以重复使用。当制作的光折变光子微结构需要稳定保存时,又可以使用热固定和光固定等方法使折射率结构永久固定在晶体中[81]。这些特性为实验研究和技术应用提供了很大的便利。虽然目前制作的光折变光子微结构周期尺度还比较大，大部分处于微米量级，但是它的可擦除、能循环使用的特点为探索非线性分立系统中光波的传输特性构建了一类合适的实验媒介。此外，经过固定后的光折变光子微结构在光子芯片、光开关、光互连以及光路由等领域都具有广阔的应用前景。

近年来，在光感应技术的推动下以光折变材料为基质的一维、二维、三维光子微结构陆续被成功制作出来。在这些微结构中观察到了很多有趣的非线性光学现象，如增强分立衍射、光学隧穿效应、负折射率效应等[82-85]。这些新现象的发现有助于人们加深光子微结构中光子运动机理的认识，对研制新型非线性光子器件和完善未来的全光通信技术具有重要的促进作用。目前，有关光折变光子微结构制作的研究报道大部分都是二维、三维的周期性结构，这是由于传统周期类型的光子微结构在实验上比较容易实现[78,86-88]。准晶形态和复合周期形态的复杂光子微结构虽然具有良好的光子特性，但是这些类型的微结构复杂程度高，在采用光感应技术制备时必须使用较多光束产生复杂干涉，而较多光束的理想干涉在实验上往往不易实现。因此光感应技术制作复杂类型光子微结构的进展一直比较缓慢，也限制了相关领域研究的发展。虽然有少量关于复杂光子微结构制作的实验报道，但是这些方案中实现多光束干涉的方式往往依赖于某些昂贵的设备[79,89-92]。这必然提高了光子微结构的制作成本，削弱了光感应技术简便易行、成本低廉的优势。因此，如何简便地实现多个光束的复杂干涉，高效而准确地制作出准晶形态和复合周期形态的复杂光子微结构是一个具有重要意义的研究课题。

目前，大部分光折变光子微结构的制备都是以铌酸锶钡晶体为光折变介质[78-79,93-96]。铌酸锶钡晶体是一种自聚焦光折变材料，它的光折变非线性特性需要靠施加外部偏置电场来维持。通过控制偏置电场的场强，可以调节介质光折变非线性的大小，因此在实验中操作比较方便。但是铌酸锶钡晶体也存在一些不足。首先，由于其光折变非线性依赖于外部施加的电场，所以当施加电场消失时铌酸锶钡晶体中光感应产生的折射率变化就会逐渐消失，晶体内制作的光折变光子微结构不能长久地保存，仅适于验证性的实验研究。其次，铌酸锶钡晶体不易生长得到较大的尺寸，使制作的光折变光子微结构面积都比较小，限制了制备效率的提高。此外，铌酸锶钡晶体价格较贵，制作成本高，不利于大范围应用。这些不足严重制约了光折变类光子微结构在实际应用中的推广和进一步发展。因此，如何克服铌酸锶钡类光折变晶体中存在的各种缺点，制作出具有低成本、高效率、较大面积，以及可稳定保存的光折变光子微结构就成为一个极具现实意义的研究内容。

铌酸锂是一种自散焦光折变晶体[97-99]，在光辐照下，无须施加外部偏置电场就可以产生明显的光折变非线性特性。其光致折射率改变量可达 $10^{-4} \sim 10^{-3}$ 量级。铌酸锂晶体具有良好的信息存储特性，晶体内通过光感应产生的折射率变化在暗环境中不作任何处理也能稳定存在很长一段时间（数周至几个月）。如果进行适当的固化处理（如热固定、光固定），晶体内的折射率变化可以永久地"记录"在晶体中[100-102]。这对于扩宽光折变光子微结构的应用范围具有重要的意义。本书正是以铌酸锂晶体为光折变介质针对光折变光子微结构制备技术中存在的亟待解决的问题展开研究的。

1.3　本书的主要研究内容和特色

1.3.1　本书的主要研究内容

本书主要介绍了作者近年来在该领域的一些研究成果。采用理论模拟结合实验研究的方式，以光感应技术为基础对制备具有良好暗存储特性的各种类型光子微结构进行了系统深入的研究。对当前光感应技术的制备方法进行了优化和改进，克服了先前制作方法中存在的设备成本高、不易制作复杂类型结构、制作面积小、生产效率低等一系列问题。提出了若干种制作不同类型光折变光子微结构的实验装置,以简单、廉价、高效的方式在掺铁铌酸锂晶体中制作出了多种复杂类型和大面积的光子微结构,并使用多种实验手段对制作的光子微结构进行表征和验证分析。由于掺铁铌酸锂晶体具备良好的信息存储功能,所以制作的各种光子微结构能够在暗环境下较长时间稳定存在,并可以经过固化处理后长久固定。这使制作的各种光子微结构具备了良好的应用前景。主要的研究内容如下:

1.准晶光子微结构的制备与表征

将多针孔板和透镜的傅里叶变换作用相结合,非常简便地实现了多束相干平面波的复杂干涉,解决了长期以来光感应技术中难以实现任意多光束干涉的技术瓶颈。利用该装置产生五束相干光波干涉,在掺铁铌酸锂晶体中制作出二维十次对称的准晶光子微结构。通过计算机数值模拟对制作的准晶光子微结构的结构特点进行了仿真预测,并使用导波强度图像、远场衍射图样、布里渊区光谱成像等实验手段对制作的二维准晶光子微结构进行了验证和表征。进一步对该实验装置进行扩展,产生了(5+1)束相干光波的干涉。在晶体内制作出三维轴向的准晶光子微结构,并使用多种实验手段对制作的三维准晶微结构进行了验证和表征。该实验装置非常简便灵活,不需要复杂的精密调节系统以及专门的减振设备,成本低廉,易于实现。这是首次在铌酸锂类晶体中制作出准晶类光子微结构。通过设计不同的多针孔板还可以灵活地制作出更复杂的二维、三维光折变准晶微结构。

2.大面积光折变光子微结构的制备与表征

针对目前制备光子微结构效率不高,制作面积普遍偏小的缺点,提出了两种在光折变材料中制备大面积二维光子微结构的实验方案,分别使用多透镜板和多楔面棱镜的方法来产生大面积的多光束干涉光场。这两种方法都比较简单,不需要复杂的调节装置,系统稳定性好,成本低廉,制作效率高。在掺铁铌酸锂晶体中分别制作出了具有较大面积的多种二维周期性光子微结构和准晶微结构,极大地提高了光折变光子微结构的制备效率。并使用导波强度图像、远场衍射图样、布里渊区光谱成像等方法对制作的大面积光子微结构进行了验证和分析。多透镜板的方法源于对多针孔板方案的改进和提升。它既保留了多针孔板灵活简便、成本低、易于加工的优点，又提高了装置的通光效率，扩大了多光束干涉的光场面积，使光子微结构的制备效率相比于多针孔板法得到了显著的提高。多楔面棱镜的方法在产生多光束干涉时不需要对光波进行波形变换，因此结构更加简单，对装置精密调节的要求更低，系统更加稳定，更容易实现大面积光折变光子微结构的高效制备。多透镜板和多楔面棱镜的方法都具有良好的可扩展性，通过适当的设计，能够制作出多种更复杂的大面积光子微结构。

3. 复杂光折变光子微结构的制备与表征

利用多光束干涉和投影成像的方法在掺铁铌酸锂晶体中先后制作出复合周期光子微结构、波浪状栅格光子微结构，以及带有点状、线状、点阵缺陷的光子微结构。这些工作成功地解决了传统光子微结构制备方法中不易引入缺陷和难以实现任意形状光子微结构制作的技术难题。其中多光束干涉的方法适合制作复合周期光子微结构。较多数目的光束发生干涉可以通过多透镜板和多针孔板来实现，方法简便，易于制作。投影成像法是利用液晶空间光调制器的投影作用来产生任意空间强度分布的光强图案。该方法弥补了多光束干涉方式的不足，适合用来制作多光束干涉无法产生的复杂光子微结构。投影成像法不需要对空间光调制器进行复杂的编程控制，易于操作。这两种实验方法都非常灵活，制作的复杂类型光子微结构为研究光学微腔和微结构波导的非线性光学特性提供了一个良好的实验媒介，在集成光学和微结构光波导领域也具有很大的应用价值。

4. 光折变光子微结构的布拉格光学分析

利用布拉格衍射现象可以对制备的光折变光子微结构进行定量的分析。以制作的大面积二维四方晶格光子微结构为测试对象，从实验上对光子微结构进行了布拉格衍射测量。通过探测光正向入射和侧向入射两种方式，对光子微结构的折射率、晶面间距进行了测定，实验结果和理论预测相吻合。对光子微结构进行布拉格衍射特性分析,使我们掌握了一种定量表征光子微结构的方法。这些工作有利于进一步量化研究光子微结构的各种特性,促进相关微结构光子器件的开发和应用。

1.3.2 本书的特色

本书主要完成了以下几点创新工作:

(1)针对传统多光束干涉装置复杂,难以调节,不易于实现的缺点,提出了一种简单、廉价、灵活的实验装置。利用多针孔板和透镜傅里叶变换相结合的方式实现了任意多束相干平面波的干涉。在掺铁铌酸锂晶体中首次制作出二维和三维的准晶形态光子微结构。并使用导波强度图像、远场衍射图案,以及布里渊区光谱等实验手段对晶体内制作的准晶光子微结构进行了验证和表征。

(2)针对目前光子微结构制备效率低,制作面积普遍偏小的缺点,提出了两种在光折变材料中制作大面积二维光子微结构的实验方案。分别使用多透镜板和多楔面棱镜的方法制作出了大面积的二维周期性光子微结构和准晶光子微结构,这两种方法均具有成本低、可扩展性强的优点,极大地提高了光折变光子微结构的制作效率。

(3)针对传统光子微结构制备技术中不易引入缺陷和难以实现任意形状光子微结构制作的难题,提出了多光束干涉和投影成像两种实验方案用于制备复杂类型光子微结构。在掺铁铌酸锂晶体中首次制作出复合周期光子微结构、波浪状栅格微结构,以及带有点状、线状、点阵缺陷的光子微结构。制作的复杂类型光子微结构为研究光学微腔和微结构波导的非线性光学特性提供了一个良好的实验媒介,在集成光学和微结构光波导器件领域也具有良好的应用前景。

(4)利用光学上的布拉格衍射现象对制作的光折变光子微结构进行定量分析。对光子微结构的折射率晶面间距进行了测定,获得了一种定量表征光子微结构的方法。这些工作有利于进一步量化研究光子微结构的各种特性,促进相关微结构光子器件的开发和应用。

1.4　本书的结构安排

本书的结构安排如下:

在第 1 章中,首先阐述了本工作的研究背景,着重介绍了光子微结构的概念、种类、应用领域和制备方法,并比较了各种传统光子微结构制备方法的优缺点。介绍了光感应技术制备光折变光子微结构的基本概念和研究现状。

在第 2 章中,对光感应技术制备光折变光子微结构的基本原理进行了介绍。其中,详细介绍了光感应技术的基础——光折变效应的发生机理,铌酸锂晶体的基本性质,以及铌酸锂材料中光致折射率变化的固化方法。

在第 3 章中,首先介绍了准晶光子微结构的研究背景,然后着重介绍了透镜的傅里叶变换作用与多针孔光源相结合产生任意多光束干涉的原理。在此基础上提出了一种极其简单的实验方法,解决了光感应技术中难以实现任意多光束干涉的技术瓶颈。在掺铁铌酸锂晶体中制作出二维十次对称准晶分布和三维轴向准晶分布的光子微结构。并使用导波强度图像、远场衍射图样和布里渊区光谱成像等实验手段对晶体内感应出的二维和三维准晶光子微结构进行了验证和分析。

在第 4 章中,提出了多透镜板法和多楔面棱镜法两种制作大面积光子微结构的实验方法,分别在掺铁铌酸锂晶体中制作出了大面积的三角晶格微结构、四方晶格微结构以及十次对称的准晶微结构。大大提高了光子微结构的制备效率,并使用不同的实验手段对制作的大面积光子微结构进行了验证和分析。

在第 5 章中,提出了利用多光束干涉和投影成像的方式制作复杂类型光子微结构的实验方法。其中多光束干涉的方法适用于制作复合周期的光子微结构,而投影成像的方法可以产生任意空间强度分布的光强图案,适合用来制备多光束干涉无法产生的复杂光子微结构。在晶体中先后制作出复合周期光子微结构、波浪状栅格光子微结构,以及带有各种缺陷的光子微结构。

在第 6 章中,介绍了物理学中布拉格衍射的基本原理,阐明了布拉格衍射现象与微结构之间的关联性。以角度相关的透射谱测量方式对制作的大面积二维四方晶格光子微结构进行布拉格衍射测试。通过探测光正向入射和侧向入射两种方式对光子微结构的折射率、晶面间距进行了测定,实现了对制备的光子微结构进行定量表征的目的。

在第 7 章中,对全书的研究内容进行了归纳总结,并对今后即将开展的研究内容进行了展望。

参考文献

［1］ Joannopoulos J D, Villeneuve P R, Fan S. Photonic crystals: putting a new twist on light ［J］. Nature, 1997, 386(6621): 143-149.

［2］ Wada O. Femtosecond all-optical devices for ultrafast communication and signal processing［J］. New Journal of Physics, 2004, 6(1): 183.

［3］ Agrawal G P. Lightwave technology: components and devices［M］. New York: John Wiley & Sons, 2004.

［4］ Chan C C K. Optical performance monitoring: advanced techniques for next-generation photonic networks［M］. New York: Academic Press, 2010.

［5］ Mingaleev S, Kivshar Y. Nonlinear photonic crystals toward all-optical technologies［J］. Optics and Photonics News, 2002, 13(7): 48-51.

［6］ Safa K. Optoelectronics and Photonics: Principles and Practices［M］.

New York:Pearson Education India,2009.

[7]Agrawal G P. Fiber-Optic Communication Systems (2nd ed.)[M]. New York:John Wiley & Sons,1997.

[8] Yariv A,Yeh P. Photonics: optical electronics in modern communications (the oxford series in electrical and computer engineering)[M]. New York:Oxford University Press,Inc. ,2006.

[9] Saleh B E A,Teich M C. Fundamentals of Photonics (2nd ed.) [M]. New York:John Wiley & Sons,2007.

[10] Zhang H,Kavanagh N,Li Z,et al. 100 Gbit/s WDM transmission at 2 μm: transmission studies in both low-loss hollow core photonic bandgap fiber and solid core fiber[J]. Optics Express,2015,23(4):4946-4951.

[11] Zou Y,Chakravarty S,Wray P,et al. Experimental demonstration of propagation characteristics of mid-infrared photonic crystal waveguides in silicon on sapphire[J]. Optics Express,2015,23(5):6965-6975.

[12] Soukoulis C M. Photonic crystals and light localization in the 21st century[M]. Berlin:Springer Science & Business Media,2012.

[13] Inoue K,Ohtaka K. Photonic crystals:physics,fabrication and applications[M]. Berlin:Springer,2013.

[14] Hung C L,Meenehan S M,Chang D E,et al. Trapped atoms in one-dimensional photonic crystals[J]. New Journal of Physics,2013,15(8): 083026.

[15] Goban A,Hung C L,Yu S P,et al. Atom-light interactions in photonic crystals[J]. Nature Communications,2014,5:3808.

[16] El Daif O,Drouard E,Gomard G,et al. Absorbing one-dimensional planar photonic crystal for amorphous silicon solar cell[J]. Optics Express,2010,18(103):A293-A299.

[17] Liu J T,Liu N H,Li J,et al. Enhanced absorption of graphene with

one-dimensional photonic crystal[J]. Applied Physics Letters,2012,
101(5):052104.

[18] Liu D,Gao Y,Gao D,et al. Photonic band gaps in two-dimensional
photonic crystals of core-shell-type dielectric nanorod heterostructures
[J]. Optics Communications,2012,285(7):1988-1992.

[19] Wang W,Klots A,Yang Y,et al. Enhanced absorption in two-dimen-
sional materials via Fano-resonant photonic crystals[J]. Applied Phys-
ics Letters,2015,106(18):181104.

[20] Ebnali-Heidari A,Prokop C,Ebnali-Heidari M,et al. A Proposal for
Loss Engineering in Slow-Light Photonic Crystal Waveguides[J].
Journal of Lightwave Technology,2015,33(9):1905-1912.

[21] Cubukcu E,Aydin K,Ozbay E,et al. Electromagnetic waves:Negative
refraction by photonic crystals[J]. Nature,2003,423(6940):604-605.

[22] Pertsch T,Zentgraf T,Peschel U,et al. Anomalous refraction and dif-
fraction in discrete optical systems[J]. Physical Review Letters,2002,
88(9):093901.

[23] Eisenberg H S,Silberberg Y,Morandotti R,et al. Diffraction manage-
ment[J]. Physical Review Letters,2000,85(9):1863.

[24] Lederer F,Silberberg Y. Discrete solitons[J]. Optics and Photonics
News,2002,13(2):48-53.

[25] Lederer F,Stegeman G I,Christodoulides D N,et al. Discrete solitons
in optics[J]. Physics Reports,2008,463(1):1-126.

[26] Kavokin A,Malpuech G,Di Carlo A,et al. Photonic Bloch oscillations
in laterally confined Bragg mirrors[J]. Physical Review B,2000,61
(7):4413.

[27] Maskaly K R,Maskaly G R,Carter W C,et al. Diminished normal re-
flectivity of one-dimensional photonic crystals due to dielectric interfa-

cial roughness[J]. Optics Letters,2004,29(23):2791-2793.

[28] Hill K O,Meltz G. Fiber Bragg grating technology fundamentals and overview[J]. Journal of Lightwave Technology,1997,15(8):1263-1276.

[29] Russell P. Photonic crystal fibers[J]. Science,2003,299(5605):358-362.

[30] Owens J O,Broome M A,Biggerstaff D N,et al. Two-photon quantum walks in an elliptical direct-write waveguide array[J]. New Journal of Physics,2011,13(7):075003.

[31] Riedrich-Möller J,Kipfstuhl L,Hepp C,et al. One-and two-dimensional photonic crystal microcavities in single crystal diamond[J]. Nature Nanotechnology,2012,7(1):69-74.

[32] Kawashima S,Ishizaki K,Noda S. Light propagation in three-dimensional photonic crystals[J]. Optics Express,2010,18(1):386-392.

[33] Vasilantonakis N,Terzaki K,Sakellari I,et al. Three-dimensional metallic photonic crystals with optical bandgaps[J]. Advanced Materials,2012,24(8):1101-1105.

[34] Ishizaki K,Koumura M,Suzuki K,et al. Realization of three-dimensional guiding of photons in photonic crystals[J]. Nature Photonics,2013,7(2):133-137.

[35] Yablonovitch E. Photonic crystals:semiconductors of light[J]. Scientific American,2001,285(6):46-55.

[36] Colman P,Husko C,Combrié S,et al. Temporal solitons and pulse compression in photonic crystal waveguides[J]. Nature Photonics,2010,4(12):862-868.

[37] Li J,O'Faolain L,Rey I H,et al. Four-wave mixing in photonic crystal waveguides:slow light enhancement and limitations[J]. Optics Ex-

press,2011,19(5):4458-4463.

[38] Mahler L,Tredicucci A,Beltram F,et al. Quasi-periodic distributed feedback laser[J]. Nature Photonics,2010,4(3):165-169.

[39] Chen C C,Chiu C H,Tu P M,et al. Large area of ultraviolet GaN-based photonic quasicrystal laser[J]. Japanese Journal of Applied Physics,2012,51(4S):04DG02.

[40] Nozaki K,Tanabe T,Shinya A,et al. Sub-femtojoule all-optical switching using a photonic-crystal nanocavity[J]. Nature Photonics,2010,4(7):477-483.

[41] Heuck M,Kristensen P T,Elesin Y,et al. Improved switching using Fano resonances in photonic crystal structures[J]. Optics Letters,2013,38(14):2466-2468.

[42] Wang Y Y,Peng X,Alharbi M,et al. Design and fabrication of hollow-core photonic crystal fibers for high-power ultrashort pulse transportation and pulse compression[J]. Optics Letters,2012,37(15):3111-3113.

[43] Stepniewski G,Klimczak M,Bookey H,et al. Broadband supercontinuum generation in normal dispersion all-solid photonic crystal fiber pumped near 1300 nm[J]. Laser Physics Letters,2014,11(5):055103.

[44] Wang A. Advances in microstructured optical fibres and their applications[D]. University of Bath,2007.

[45] Sancho J,Bourderionnet J,Lloret J,et al. Integrable microwave filter based on a photonic crystal delay line[J]. Nature Communications,2012,3:1075.

[46] Bloemer M J,Scalora M. Transmissive properties of Ag/MgF$_2$ photonic band gaps[J]. Applied Physics Letters,1998,72(14):1676-1678.

[47] Lee H Y,Makino H,Yao T,et al. Si-based omnidirectional reflector

and transmission filter optimized at a wavelength of 1. 55 mum[J].
Applied Physics Letters,2002,81:4502.

[48] 马锡英. 光子晶体原理及应用[M]. 北京:科学出版社,2010.

[49] Yablonovitch E,Gmitter T J,Leung K M. Photonic band structure:
The face-centered-cubic case employing nonspherical atoms[J]. Physical Review Letters,1991,67(17):2295.

[50] Yablonovitch E,Gmitter T J,Meade R D,et al. Donor and acceptor modes in photonic band structure[J]. Physical Review Letters,1991,
67(24):3380.

[51] Özbay E,Abeyta A,Tuttle G,et al. Measurement of a three-dimensional photonic band gap in a crystal structure made of dielectric rods
[J]. Physical Review B,1994,50(3):1945.

[52] Lin S,Fleming J G,Hetherington D L,et al. A three-dimensional photonic crystal operating at infrared wavelengths[J]. Nature,1998,394
(6690):251-253.

[53] Noda S,Tomoda K,Yamamoto N,et al. Full three-dimensional photonic bandgap crystals at near-infrared wavelengths[J]. Science,2000,
289(5479):604-606.

[54] Fan S,Villeneuve P R,Meade R D,et al. Design of three-dimensional photonic crystals at submicron lengthscales[J]. Applied Physics Letters,1994,65(11):1466-1468.

[55] Tonucci R J,Justus B L,Campillo A J,et al. Nanochannel glass arrays
[J]. Science,1992,258:783-785.

[56] 王清月. 光子晶体光纤与飞秒激光技术[M]. 北京:机械工业出版社,
2013.

[57] Poli F,Cucinotta A,Selleri S. Photonic crystal fibers:properties and applications[M]. Springer Science & Business Media,2007.

[58] Subramania G，Lin S Y. Fabrication of three-dimensional photonic crystal with alignment based on electron beam lithography[J]. Applied Physics Letters，2004，85(21)：5037-5039.

[59] Xu Y，Sun H B，Ye J Y，et al. Fabrication and direct transmission measurement of high-aspect-ratio two-dimensional silicon-based photonic crystal chips[J]. JOSA B，2001，18(8)：1084-1091.

[60] Boisen A，Birkelund K，Hansen O，et al. Fabrication of submicron suspended structures by laser and atomic force microscopy lithography on aluminum combined with reactive ion etching[J]. Journal of Vacuum Science & Technology B，1998，16(6)：2977-2981.

[61] Deubel M，Von Freymann G，Wegener M，et al. Direct laser writing of three-dimensional photonic-crystal templates for telecommunications [J]. Nature Materials，2004，3(7)：444-447.

[62] Wijnhoven J E G J，Vos W L. Preparation of photonic crystals made of air spheres in titania[J]. Science，1998，281(5378)：802-804.

[63] Zakhidov A A，Baughman R H，Iqbal Z，et al. Carbon structures with three-dimensional periodicity at optical wavelengths [J]. Science，1998，282(5390)：897-901.

[64] Dong W，Bongard H J，Marlow F. New type of inverse opals：titania with skeleton structure[J]. Chemistry of Materials，2003，15(2)：568-574.

[65] Maruo S，Nakamura O，Kawata S. Three-dimensional microfabrication with two-photon-absorbed photopolymerization[J]. Optics Letters，1997，22(2)：132-134.

[66] Jia X，Jia T Q，Ding L E，et al. Complex periodic micro/nanostructures on 6H−SiC crystal induced by the interference of three femtosecond laser beams[J]. Optics Letters，2009，34(6)：788-790.

[67] Krauss T F, Richard M, Brand S. Two-dimensional photonic-bandgap structures operating at near-infrared wavelengths[J]. Nature, 1996, 383(6602):699-702.

[68] Vardeny Z V, Nahata A, Agrawal A. Optics of photonic quasicrystals [J]. Nature Photonics, 2013, 7(3):177-187.

[69] Bindi L, Yao N, Lin C, et al. Natural quasicrystal with decagonal symmetry[J]. Scientific Reports, 2015, 5:9111.

[70] Ferrando V, Coves A, Andres P, et al. Guiding Properties of a Photonic Quasi-Crystal Fiber Based on the Thue-Morse Sequence[J]. Photonics Technology Letters, IEEE, 2015, 27(18):1903-1906.

[71] Verbin M, Zilberberg O, Lahini Y, et al. Topological pumping over a photonic Fibonacci quasicrystal[J]. Physical Review B, 2015, 91(6): 064201.

[72] Dong J W, Chang M L, Huang X Q, et al. Conical Dispersion and Effective Zero Refractive Index in Photonic Quasicrystals[J]. Physical Review Letters, 2015, 114(16):163901.

[73] Liu J, Liu E, Fan Z, et al. Dielectric refractive index dependence of the focusing properties of a dielectric-cylinder-type decagonal photonic quasicrystal flat lens and its photon localization[J]. Applied Physics Express, 2015, 8(11):112003.

[74] Terhalle B. Controlling Light in Optically Induced Photonic Lattices: Controlling Light In Optically Induced Photonic Lattices[M]. Springer Science & Business Media, 2011.

[75] Fleischer J W, Segev M, Efremidis N K, et al. Observation of two-dimensional discrete solitons in optically induced nonlinear photonic lattices[J]. Nature, 2003, 422(6928):147-150.

[76] 刘思敏, 郭儒, 许京军. 光折变非线性光学及其应用[M]. 北京: 科学出

版社,2004.

[77] Ashkin A,Boyd G D,Dziedzic J M,et al. Optically-induced refractive index inhomogeneities in $LiNbO_3$ and $LiTaO_3$ [J]. Applied Physics Letters,1966,9(1):72-74.

[78] Neshev D N,Sukhorukov A A,Krolikowski W,et al. Nonlinear optics and light localization in periodic photonic lattices[J]. Journal of Nonlinear Optical Physics & Materials,2007,16(01):1-25.

[79] Xavier J,Boguslawski M,Rose P,et al. Reconfigurable Optically Induced Quasicrystallographic Three-Dimensional Complex Nonlinear Photonic Lattice Structures[J]. Advanced Materials,2010,22(3):356-360.

[80] Jin W,Gao Y. Optically induced three-dimensional nonlinear photonic lattices in $LiNbO_3$:Fe crystal[J]. Optical Materials,2011,34(1):143-146.

[81] 陶世荃,江竹青,王大勇,等. 光学体全息技术及应用[M]. 北京:科学出版社,2013.

[82] Szameit A,Kartashov Y V,Dreisow F,et al. Inhibition of light tunneling in waveguide arrays[J]. Physical Review Letters,2009,102(15):153901.

[83] Kartashov Y V,Szameit A,Vysloukh V A,et al. Light tunneling inhibition and anisotropic diffraction engineering in two-dimensional waveguide arrays[J]. Optics Letters,2009,34(19):2906-2908.

[84] Zhang P,Efremidis N K,Miller A,et al. Observation of coherent destruction of tunneling and unusual beam dynamics due to negative coupling in three-dimensional photonic lattices[J]. Optics Letters,2010,35(19):3252-3254.

[85] Zhang P,Efremidis N K,Miller A,et al. Reconfigurable 3D photonic

lattices by optical induction for optical control of beam propagation [J]. Applied Physics B,2011,104(3):553-560.

[86] Xavier J,Rose P,Terhalle B,et al. Three-dimensional optically induced reconfigurable photorefractive nonlinear photonic lattices[J]. Optics Letters,2009,34(17):2625-2627.

[87] Zhang P,Liu S,Lou C,et al. Incomplete Brillouin-zone spectra and controlled Bragg reflection with ionic-type photonic lattices[J]. Physical Review A,2010,81(4):041801.

[88] Terhalle B,Desyatnikov A S,Neshev D N,et al. Effect of nonlinearity on dynamic diffraction and interband coupling in two-dimensional hexagonal photonic lattices[J]. Physical Review A,2012,86(1):013821.

[89] Boguslawski M,Rose P,Denz C. Nondiffracting kagome lattice[J]. Applied Physics Letters,2011,98(6):061111.

[90] Boguslawski M,Rose P,Denz C. Increasing the structural variety of discrete nondiffracting wave fields[J]. Physical Review A,2011,84 (1):013832.

[91] Rose P,Boguslawski M,Denz C. Nonlinear lattice structures based on families of complex nondiffracting beams[J]. New Journal of Physics, 2012,14(3):033018.

[92] Boguslawski M,Kelberer A,Rose P,et al. Multiplexing complex two-dimensional photonic superlattices[J]. Optics Express,2012,20(24): 27331-27343.

[93] Terhalle B,Desyatnikov A S,Bersch C,et al. Anisotropic photonic lattices and discrete solitons in photorefractive media[J]. Applied Physics B,2007,86(3):399-405.

[94] Terhalle B,Richter T,Desyatnikov A S,et al. Observation of multivortex solitons in photonic lattices[J]. Physical Review Letters,

2008,101(1):013903.

［95］ Law K J H,Song D,Kevrekidis P G,et al. Geometric stabilization of extended $S=2$ vortices in two-dimensional photonic lattices:Theoretical analysis, numerical computation, and experimental results［J］. Physical Review A,2009,80(6):063817.

［96］ Zhang P,Efremidis N K,Miller A,et al. Observation of coherent destruction of tunneling and unusual beam dynamics due to negative coupling in three-dimensional photonic lattices［J］. Optics Letters, 2010,35(19):3252-3254.

［97］ Weis R S,Gaylord T K. Lithium niobate:summary of physical properties and crystal structure［J］. Applied Physics A,1985,37(4):191-203.

［98］ 孔勇发,许京军,张光寅,等. 多功能光电材料:铌酸锂晶体［M］. 北京:科学出版社,2005.

［99］ 杨春晖,孙亮,冷雪松,等. 光折变非线性光学材料:铌酸锂晶体［M］. 北京:科学出版社,2009.

［100］ Amodei J J,Staebler D L. Holographic pattern fixing in electro-optic crystals［J］. Applied Physics Letters,1971,18(12):540-542.

［101］ Staebler D L,Burke W J,Phillips W,et al. Multiple storage and erasure of fixed holograms in Fe-doped $LiNbO_3$［J］. Applied Physics Letters,1975,26(4):182-184.

［102］ Vormann H,Weber G,Kapphan S,et al. Hydrogen as origin of thermal fixing in $LiNbO_3:Fe$［J］. Solid State Communications,1981,40(5):543-545.

第 2 章　光感应技术的理论基础

光感应技术是利用光折变材料的光致折射率变化特性，通过调制入射光的空间强度分布来形成折射率微结构的[1-2]。光致折射率变化特性是光感应技术的基础。研究表明，电光材料均能表现出光致折射率变化的特性[3-8]。

2.1　电光效应

在足够强的外部电场作用下，某些介质的光学性质发生改变（如折射率变化）的现象叫作电光效应[9-14]。能发生电光效应的材料叫作电光材料。在电光介质中，介质的折射率 n 根据外部电场强度 E 的变化而变化，即折射率是外部电场强度的函数。通常可以表示为

$$n(E) = n(0) + a_1 E + \frac{1}{2} a_2 E^2 \tag{2.1}$$

其中，$n(0)$ 是外部电场强度 $E = 0$ 时的介质折射率；$a_1 = \left(\dfrac{\mathrm{d}n}{\mathrm{d}E}\right)\bigg|_{E=0}$；$a_2 = \left(\dfrac{\mathrm{d}^2 n}{\mathrm{d}E^2}\right)\bigg|_{E=0}$。令 $r = \dfrac{2a_1}{n^3}$，$g = \dfrac{a_2}{n^3}$，则式（2.1）可简化为

$$n(E) = n - \frac{1}{2} r n^3 E - \frac{1}{2} g n^3 E^2 + \cdots = n + \Delta n \tag{2.2}$$

其中，$n = n(0)$；r 和 g 分别被称作线性电光系数和二次电光系数。该级数的高阶项比一阶项 n 小了很多个数量级，因此三阶以上的级数项可以忽略不计。

对于不存在对称中心的介质，由于式（2.2）中第三项比第二项小很多，

可以被忽略掉。这样式(2.2)就变成

$$n(E) \approx n - \frac{1}{2} rn^3 E \qquad (2.3)$$

可得

$$\Delta n = -\frac{1}{2} n^3 rE \qquad (2.4)$$

即介质的折射率变化量 Δn 与电场强度 E 成正比,两者关系是线性的。这种现象叫作 Pockels 效应,它是一种线性的电光效应。能发生线性电光效应的介质叫作 Pockels 介质。

对于存在对称中心的介质,由于式(2.2)中的线性电光系数 $r=0$,则第二项为零,这样式(2.2)变为

$$n(E) \approx n - \frac{1}{2} gn^3 E^2 \qquad (2.5)$$

同样可得

$$\Delta n = -\frac{1}{2} n^3 gE^2 \qquad (2.6)$$

即介质中产生的折射率变化量 Δn 与电场强度 E 的平方成正比。这种现象叫作 Kerr 效应,它是一种二次的电光效应。能发生二次电光效应的介质叫作 Kerr 介质。

2.2　光折变效应

光折变效应是电光材料在光辐照下由于光波的空间强度分布不均匀而引起介质折射率产生局部改变的一种非线性光学现象[15-17]。1966 年 Bell 实验室的 Ashkin 等人在铌酸锂晶体的倍频实验中首次观察到了光辐照引起的折射率不均匀改变[18]。最初人们把这种出乎意料的现象称为"光损伤",并且这种折射率变化还十分稳定,能够在暗环境中保持数天甚至几个月。这就使光折变效应具备了良好的光信息存储潜力[19-22]。此外,光折变效应

具有很高的光灵敏度,在非常低的光辐照强度(mW 量级,甚至 μW 量级)下就能观察到明显的光折变现象。光折变效应的特性为实时制作多种非线性光学器件打下了基础,目前已经广泛地应用于光通信、集成光学、光学图像处理、高密度信息存储等领域[23-28]。

光折变效应的物理过程示意图如图 2-1 所示。在光折变介质中,杂质和缺陷可以起到电荷的施主或受主的作用。光折变晶体在强度空间调制的光照下,介质内一部分杂质和缺陷所带的电荷会受到光激发作用而发生光致电离,产生的电荷(电子或空穴)会进入导带或价带,成为自由电荷。导带和价带中的自由电荷会根据浓度梯度发生扩散运动,还会根据外部电场发生漂移作用,或者在光生伏特效应作用下运动。这些运动着的电荷可以迁移到新的位置并被受主捕获。因此,这种电荷的受光激发、迁移、俘获的过程导致了介质内空间的电荷分布出现了变化,形成了与辐照光的空间强度分布相对应的空间电荷场。由于光折变晶体均为电光介质,所以该空间电荷场在介质中会引起电光效应。对于不存在对称中心的介质,会产生线性电光效应(Pockels 效应)。对于存在对称中心的介质,则会产生二次电光效应(Kerr 效应)。这均能引起介质的折射率分布产生调制变化。

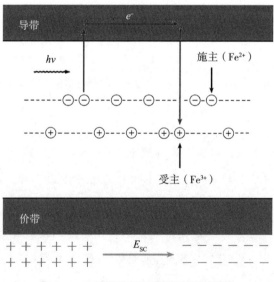

图 2-1 光折变效应的物理过程示意图

2.3　光折变过程的带输运模型

带输运模型是描述光折变产生过程的一个常用模型,它能够解释从光照射光折变材料到介质内形成空间电荷场的整个过程[29-32]。光折变材料是掺杂的介电晶体,介质内包含施主杂质和受主杂质,且这些杂质的能量水平都处于带隙中。为简单起见,假设所有施主杂质都是相同的,且它们具有相同的能量水平。假设介质中自由电荷载流子以电子占主导地位,且施主杂质和受主杂质在整个材料中的分布状况是随机且均匀的。在光照区域,介质中的施主杂质在吸收光子后发生光致电离,释放出的电子被激发到导带中。电离后的施主成为空位,它具有重新俘获电子的能力。一旦电离出的电子进入到导带中,将会存在扩散和漂移两种不同的物理机制,使电子发生迁移在不同的位置与电离后的施主重新组合。扩散现象源于同种电荷聚集后的相互排斥,它使电子逐渐运动到浓度低的区域。漂移是当存在电场时,电子在电场的作用下不断地向电场方向相反方向运动的现象。在该模型中,暂时不考虑外部电场的存在。由于辐照光折变材料的光波是非均匀照明,介质上的光强空间分布存在明暗差异,所以在高强度区域(亮区)电子电离后进入导带,并在扩散和漂移机制的影响下不断运动,经过一系列与电离后施主的重新组合以及再次光致电离,最终迁移到低强度区域(暗区)被受主杂质俘获,而不再被激发。该过程导致了介质中亮区的电子不断地被激发并且转移到暗区被固定下来。这样在载流子以电子为主导的介质中就会逐渐形成由亮区指向暗区的空间电荷场。当介质中电子的扩散和漂移运动达到动态平衡时,空间电荷场就被稳定地建立起来。

根据带输运模型,假设光生载流子为电子,Kukhtarev 等人提出了定量描述上述光折变物理过程的一组基本方程[29-33]:

$$\frac{\partial N_D^+}{\partial t} = (sI + \beta)(N_D - N_D^+) - \gamma_R N_D^+ \rho \tag{2.7}$$

$$\frac{\partial \rho}{\partial t} = \frac{\partial N_D^+}{\partial t} + \frac{1}{q} \nabla \cdot \boldsymbol{J} \qquad (2.8)$$

$$\nabla \cdot (\varepsilon \boldsymbol{E}) = q(N_D^+ - N_A - \rho) \qquad (2.9)$$

$$\nabla^2 E_{\text{opt}} = \frac{1}{c^2} n^2 \frac{d^2}{dt^2} E_{\text{opt}} = 0 \qquad (2.10)$$

$$n^2 = n_0^2 (1 - n_0^2 \gamma_{\text{eff}} E_{\text{SC}}) \qquad (2.11)$$

其中,N_D 为晶体内施主密度;N_D^+ 为电离的施主密度;s 是光激发常数;I 是光强;β 是热激发概率;γ_R 为复合常数;ρ 为导带电子密度;q 为电子电量;$\boldsymbol{J}$ 是电流密度;ε 是晶体的介电常数;$\boldsymbol{E}$ 为电场(包括空间电荷场 $\boldsymbol{E}_{\text{SC}}$ 和外电场 $\boldsymbol{E}_0$);N_A 是负电荷密度,以保持电中性;E_{opt} 是光波的振幅;n_0 是晶体的折射率;γ_{eff} 是有效电光系数。方程(2.7)表示电离施主的产生速率。其中,自由电子的产生率为 $(sI + \beta)(N_D - N_D^+)$,电离后的施主与产生的自由电子重新组合的概率为 $\gamma_R N_D^+ \rho$。方程(2.8)是自由电子密度的连续性方程,它描述了自由电子形成电流的散度。电流密度 $\boldsymbol{J}$ 来自自由电子扩散、漂移运动,以及光生伏特效应。方程(2.9)是空间电荷场必须满足的 Poisson 方程。方程(2.10)是光波在介质内的传播方程。方程(2.20)是折射率方程,对于一般的光折变晶体,方程(2.11)可近似为

$$n = n_0 - \frac{1}{2} n_0^3 \gamma_{\text{eff}} E_{\text{SC}} \qquad (2.12)$$

即光折变的折射率变化量 Δn 为

$$\Delta n = n - n_0 = -\frac{1}{2} n_0^3 \gamma_{\text{eff}} E_{\text{SC}} \qquad (2.13)$$

2.4 光折变材料——铌酸锂晶体

随着光折变效应研究的不断深入,各种各样具有光折变特性的材料被人们陆续地发现和认识[32,34-35]。其中主要包括四类:①铁电晶体,如铌酸锂、钽酸锂、钛酸钡、铌酸钾等;②铋硅族氧化物,如硅酸铋、锗酸铋、钛酸铋等;

③半导体化合物,如磷化铟、砷化镓、硫化锌、硫化镉、碲化镉等;④有机类材料,主要是有机晶体和有机聚合物。在这些众多的光折变材料中,铌酸锂晶体制备工艺成熟,光学质量良好,光折变过程中产生的折射率变化具有较长的暗存储时间,具有极广的应用范围。因此,铌酸锂晶体是一种极具代表性的光折变材料。

铌酸锂(lithium niobate)是一种人工合成的介电材料,采用提拉法能够生长出大尺寸晶体[31,45,50]。铌酸锂晶体是氧八面体结构的铁电体,属三方晶系,是目前已知自发极化强度最大(室温下约 0.7 C/m^2)以及居里点最高(1 210 ℃)的铁电体。在低于居里点温度的情况下,铌酸锂晶体的结构如图2-2 所示。铌酸锂的相对分子量为 147.846,晶体密度为 4.612 g/cm^3,晶格常数 $a=0.514\ 8$ nm,$c=1.386\ 3$ nm,熔点为 1 260 ℃,莫氏硬度为 5,折射率 $n_0=2.286$,$n_e=2.202$($\lambda=633$ nm)。铌酸锂晶体在 350～5 200 nm 的波长范围内是透明的,在未补偿晶体界面反射损失的情况下,其透射率仍可达74%。

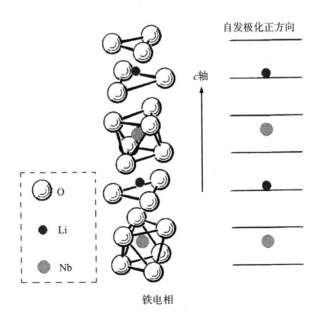

图 2-2　低于居里点温度(铁电相)下铌酸锂晶体的结构示意图[36]

其中水平线代表氧平面

铌酸锂晶体具有较大的热电、压电、电光、光弹系数和天然的双折射特性,还具有良好的声光品质和热稳定性[36]。此外,铌酸锂晶体中还表现出了非常强烈的光生伏特效应。这种效应能够促进介质内的载流子发生高效的迁移,这与介质中的线性电光效应相结合,能引起显著的光折变效应[3]。这些丰富的大量级物理效应使铌酸锂晶体获得了广泛的应用,例如:相位调解器、非挥发性存储器、二次谐波发生器、相位共轭器、相位光栅调解器、集成光学元件、窄带滤波器等[31]。铌酸锂晶体成本低,易于生长,加工难度小,作为一种多功能的电光材料,被人们誉为光子技术领域的"光学硅"。

铌酸锂晶体作为一种优秀的光折变材料,其最具优势的特点在于良好的暗存储性能、可擦除特性,以及折射率变化能够永久地固定。铌酸锂晶体中产生的折射率变化具有可逆性。通过非相干光均匀辐照或者加热的方式(200 ℃,2 h)可以将铌酸锂晶体中的折射率变化彻底擦除,使晶体还原为均匀的折射率分布,从而可以循环使用。这对实验研究提供了很大的便利。在室温的暗环境中光折变晶体的介电弛豫时间满足 $\tau = \varepsilon/\sigma_0$,其中 ε 是晶体的介电常数,σ_0 是晶体的暗电导率。而铌酸锂晶体的暗电导率非常低($\sigma_0 < 10^{-18}$ S·cm^{-1}),因此晶体中光折变过程产生的折射率变化可以在暗环境中储存几个月之久[19-20]。铌酸锂晶体中的折射率变化还可以通过适当的固化处理永久地固定下来[37-41]。例如,当晶体被加热到 100 ℃时,介质中的热激活离子会与产生空间电荷场的电子发生中和作用。当晶体冷却到室温时,通过均匀光波照明介质内的电子调制分布被擦除,呈现出与原来的空间电荷场相对应的离子调制分布。这样离子就代替了原来的电子构成了新的空间电荷场。由于离子分布对光辐照不敏感,很难被光照擦除,所以介质中产生的光折变结构就能长久地保存在晶体中。这对于研制以光折变材料为基础的光子学器件具有重要的意义。

掺杂可以对光折变晶体的光折变特性产生重要影响[17,31]。例如,当在铌酸锂晶体中掺入抗光折变杂质(如氧化镁、氧化锌等)时,晶体产生光折变的能力相比无掺杂的纯铌酸锂晶体会降低两个数量级,这适用于 Q 开关、光波导、倍频等应用领域。当在铌酸锂晶体中掺入光折变敏感杂质(如铁、铜、锰等)时,晶体会具有很高的光折变灵敏度、光折变调制度以及良好的存储性能。在我们的实验中使用的是掺入铁元素的铌酸锂晶体,Fe 的质量分数分别为 0.03% 和 0.025%。在该量级的掺杂浓度下,铌酸锂晶体既具有良好的光折变灵敏度,又具有较高的透光率。

2.5　光波在非线性光学介质中传播的基本方程

我们首先通过麦克斯韦方程组来展开讨论:

$$\nabla \cdot \boldsymbol{D} = \rho \tag{2.14}$$

$$\nabla \cdot \boldsymbol{B} = 0 \tag{2.15}$$

$$\nabla \times \boldsymbol{E} = -\frac{\partial \boldsymbol{B}}{\partial t} \tag{2.16}$$

$$\nabla \times \boldsymbol{H} = \frac{\partial \boldsymbol{D}}{\partial t} + j \tag{2.17}$$

在非铁磁性介质中,电场强度 $\boldsymbol{E}$ 和磁场强度 $\boldsymbol{H}$ 与电位移矢量 $\boldsymbol{D}$ 和磁感应强度 $\boldsymbol{B}$ 满足物质方程式:

$$\boldsymbol{D} = \varepsilon_0 \boldsymbol{E} + \boldsymbol{P} \tag{2.18}$$

$$\boldsymbol{B} = \mu_0 \boldsymbol{H} \tag{2.19}$$

在这里 ε_0 表示真空中的介电常数,$\boldsymbol{P}$ 表示介质的电极化强度矢量。由于在我们研究的情况下,介质中不存在自由电荷和电流,所以设定 $\rho = 0$ 和 $j = 0$。由于光在真空中的速度为 $c = \dfrac{1}{\sqrt{\mu_0 \varepsilon_0}}$,结合等式(2.16)~(2.19),可以推导出具有普遍意义的波动方程:

$$\nabla \times \nabla \times \boldsymbol{E} + \frac{1}{c^2} \frac{\partial^2 \boldsymbol{E}}{\partial t^2} = -\frac{1}{\varepsilon_0 c^2} \frac{\partial^2 \boldsymbol{P}}{\partial t^2} \tag{2.20}$$

在这个方程式中,介质对入射光波电场的响应程度由电极化强度矢量 $\boldsymbol{P}$ 来

决定。在线性介质中,它被写作

$$\boldsymbol{P} = \varepsilon_0 \chi^{(1)} \boldsymbol{E} \tag{2.21}$$

在这里 $\chi^{(1)}$ 表示介质的线性(一阶)极化率。值得注意的是,这个数值虽然通常被看作一个标量,但是光在各向异性介质中传播时,$\chi^{(1)}$ 是一个二阶张量。把式(2.21)代入式(2.18),得出

$$\boldsymbol{D} = \varepsilon_0 (1 + \chi^{(1)}) \boldsymbol{E} = \varepsilon_0 \varepsilon \boldsymbol{E} \tag{2.22}$$

这里 ε 是电介质的介电常数。如果入射光波的电场强度变得可以和介质原子内部的电场强度相比拟,那么式(2.21)所表示的线性关系将不再适用。在这种情况下,介质的电极化强度 $\boldsymbol{P}$ 通常被写成

$$\boldsymbol{P} = \varepsilon_0 (\chi^{(1)} \boldsymbol{E} + \chi^{(2)} \boldsymbol{E}\boldsymbol{E} + \chi^{(3)} \boldsymbol{E}\boldsymbol{E}\boldsymbol{E} + \cdots) \tag{2.23}$$

在这里 $\chi^{(i)} (i \geqslant 2)$ 表示第 i 级的非线性极化率。式(2.23)所表示的非线性关系引起了很多有趣的现象[19]。例如:二阶效应项导致了二次谐波产生以及合频、差频等现象;三阶效应项导致了三次谐波产生和光学相位共轭现象等。

进一步地分析,把式(2.23)写作

$$\boldsymbol{P} = \varepsilon_0 \chi_{\text{eff}} \boldsymbol{E} \tag{2.24}$$

用这个关系,并引入有效折射率 $n(I) = \sqrt{1 + \chi_{\text{eff}}}$,由式(2.20)可得霍姆亥兹方程:

$$-\nabla^2 \boldsymbol{E} + \frac{n^2}{c^2} \frac{\partial^2 \boldsymbol{E}}{\partial t^2} = 0 \tag{2.25}$$

在这个推导中,我们使用了 $\nabla \times \nabla \times \boldsymbol{E} = \nabla(\nabla \cdot \boldsymbol{E}) - \nabla^2 \boldsymbol{E}$ 的关系式,而在我们感兴趣的研究范围内,$\nabla(\nabla \cdot \boldsymbol{E})$ 这一项是很小的[19]。下一步,折射率的值被分为两部分,一部分是与光照无关的 n_0^2,另一部分是与光诱导相关的折射率变化量 $\Delta n^2(I)$:

$$n^2 = n_0^2 + \Delta n^2(I) \tag{2.26}$$

此外,我们考虑一个 x 轴方向偏振,沿着 z 轴传播的线偏振光,即

$$\boldsymbol{E}(\boldsymbol{r}, t) = A(\boldsymbol{r}) \mathrm{e}^{\mathrm{i}(k_z z - \omega t)} \cdot \boldsymbol{e}_x \tag{2.27}$$

其中，$\boldsymbol{r} = (x, y, z)$ 且 $k_z = n_0\omega/c$。在傍轴近似条件下，设定包络 $A(x, y, z)$ 沿着 z 轴的方向的变化，其变化范围远大于光波的波长。在这种情况下，它的关于 z 方向的二阶导数可以忽略不计，例如把式(2.27)代入式(2.25)可以得到近轴条件下的波动方程：

$$\mathrm{i}\frac{\partial A}{\partial z} + \frac{1}{2k_z}\nabla_\perp^2 A + \frac{k_z}{2n_0^2}\Delta n^2(I)A = 0 \qquad (2.28)$$

其中，$\nabla_\perp^2 = (\partial^2/\partial x^2 + \partial^2/\partial y^2)$。引入无量纲的变量 $x' = x/x_0$，$y' = y/y_0$ 和 $z' = z/k_z x_0^2$（x_0 为横向比例因子），得到

$$2\mathrm{i}\frac{\partial A}{\partial z'} + \nabla_\perp'^2 A + \frac{k_z^2 x_0^2}{n_0^2}\Delta n^2(I)A = 0 \qquad (2.29)$$

其中，$\nabla_\perp'^2 = (\partial^2/\partial x'^2 + \partial^2/\partial y'^2)$。

2.6　光折变非线性

光折变效应描述了光折变介质内部由于光诱导激发的电荷载流子重新分配所导致的区域性折射率变化的现象。在 1966 年，人们第一次观察到了一束相干光通过铌酸锂晶体传播时产生的波前扭曲[20]。从那时起，光折变现象先后被发现存在于许多不同的材料中，如钛酸钡、钽酸锂、铌酸钾、铌酸锶钡等。

光折变效应的原理示意图如图 2-3 所示。通常情况下，光折变晶体中掺杂的元素起到受主或者施主的作用。用适当波长的光照射光折变介质，施主将被激励出电子或者空穴，或者导带通过光致电离而俘获载流子。导带中的载流子在扩散作用、外部电场或者光生伏特效应产生的漂移作用的影响下进行运动，最终与空的施主或者陷阱重新组合。该重新组合过程会逐步建立起一个静态的空间电荷场 E_{sc}，这种静态空间电荷场会使介质内部产生线性电光效应，从而导致介质中发生相应的折射率调制。

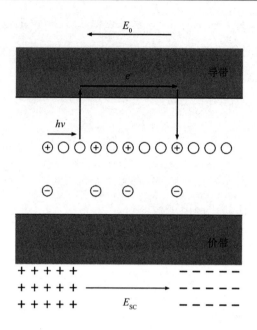

图 2-3   光折变晶体中载流子的运输模型示意图

2.6.1 线性电光效应

在电光晶体中,存在一个直流电场导致介电系数 ε 发生变化[21]。在光折变材料中,这种变化取决于由线性电光效应(Pockels 效应)所诱导的空间电荷场的强度。这种效应传统的数学描述方法是使用 impermeability 张量:

$$\Delta \eta_{ij} = \Delta \left(\frac{1}{n^2} \right) = \sum_k r_{ijk} E_k \tag{2.30}$$

介电常数相应的变化为

$$\Delta \varepsilon_{ij} = - \varepsilon_0 n_i^2 n_j^2 \Delta \eta_{ij} \tag{2.31}$$

系数 r_{ijk} 的缩写符号通常写为以下形式:

$$r_{1k} = r_{11k} \quad r_{2k} = r_{22k} \quad r_{3k} = r_{33k}$$

$$r_{4k} = r_{23k} = r_{32k} \quad r_{5k} = r_{13k} = r_{31k} \quad r_{6k} = r_{12k} = r_{21k}$$

在本书中,我们所使用的是铌酸锂晶体(LN),属于六方晶系 $3m$ 点群,它的电光系数具有特殊的对称性:

$$\boldsymbol{r}_{\mathrm{LN}} = \begin{bmatrix} 0 & -r_{22} & r_{13} \\ 0 & r_{22} & r_{13} \\ 0 & 0 & r_{33} \\ 0 & r_{51} & 0 \\ r_{51} & 0 & 0 \\ -r_{22} & 0 & 0 \end{bmatrix} \qquad (2.32)$$

当入射光是异常偏振状态时,铌酸锂晶体的有效折射率的变化由下式决定:

$$\Delta n^2 = -n_0^4 r_{\mathrm{eff}} \boldsymbol{E} \cdot \boldsymbol{e}_c \qquad (2.33)$$

其中,e_c 是沿 c 轴方向的单位向量。

2.6.2　带运输模型

根据式(2.33)可知,光致折射率的变化程度取决于有效电光系数 r_{eff} 和电场 E。因此,问题的关键是弄清楚入射光是怎样产生空间电荷场的。在 1979 年,Kukhtarev 等提出并发展了简单的带运输模型用来描述光折变晶体内电荷载流子的运动状态[22]。

在下面的推导过程中,设定光折变晶体是电子导电型材料,并且空穴的浓度是可以被忽略的。同样,也可以忽略材料中电子的浓度,从而很容易推导出空穴导电型材料的情况。

首先,介质中电子载流子的产生效率是由施主的电离数量减去电子的被俘获数量决定的。

$$G = (s\tilde{I} + \beta)(N_{\mathrm{D}} - N_{\mathrm{D}}^{+}) - \alpha_{\mathrm{R}} N_{\mathrm{D}}^{+} n_e = \beta(\tilde{I}/I_{\mathrm{sat}} + 1)(N_{\mathrm{D}} - N_{\mathrm{D}}^{+}) - \alpha_{\mathrm{R}} N_{\mathrm{D}}^{+} n_e$$

$$(2.34)$$

其中,s 与入射光子进入导带(光激发过程)的概率成正比;β 表示在没有光照的情况下,电子的激发情况(热激发过程);N_{D}、N_{D}^{+} 和 n_e 分别表示施主、已电离的施主和自由电子的密度;α_{R} 表示导带中的电子与已电离的施主发生重新组合的概率。

饱和磁化强度 I_{sat} 决定了热致电离(热激发)和光致电离之间的比率,它用一个特定的光强来表达。这个符号是非常有用的,因为光折变材料的非线性响应特性不仅取决于光束照射强度,而且也受热激发作用的影响。

在导带中的电子具有三种不同的传输过程:在电场中的漂移、扩散作用和光伏效应的影响。因此,所产生的电流密度由下式决定:

$$\boldsymbol{j} = \boldsymbol{j}_{\text{drift}} + \boldsymbol{j}_{\text{diff}} + \boldsymbol{j}_{\text{pv}} = e\mu n_e \boldsymbol{E} + eD\nabla n_e + \beta_{\text{ph}}(N_D - N_D^+)\boldsymbol{e}_c \tilde{I} \quad (2.35)$$

在这里,$D = \mu k_B T/e$ 是包含玻尔兹曼常数 k_B 的扩散常数;T 为绝对温度,e 为基本电荷量,μ 为电子迁移率。光生伏特效应的强度是由光生伏特张量 μ_{ph} 决定的。光生伏特张量 $\boldsymbol{\mu}_{\text{ph}}$ 沿 c 轴方向具有最大的分量,而所有的其他部分可以忽略不计。$\boldsymbol{e}_c$ 是沿着 c 轴的单位向量。

假设所有的受主 N_A 都被完全地电离,则空间电荷密度可以写作

$$\rho = e(N_D^+ - N_A - n_e) \quad (2.36)$$

根据高斯定理[比照式(2.27)和(2.35)],式子可以变为

$$\nabla(\varepsilon_0 \varepsilon E) = \rho = e(N_D^+ - N_A - n_e) \quad (2.37)$$

由于在这里认为移动的电荷载流子只有电子,假定电离的施主或受主原子都在晶格内是固定的,所以由式(2.37)就转换成以下的连续性方程:

$$\frac{\partial \rho}{\partial t} = e\left(\frac{\partial N_D^+}{\partial t} - \frac{\partial n_e}{\partial t}\right) = -\nabla \boldsymbol{j} \quad (2.38)$$

此外,电离的施主其密度的变化是由电子产生的:

$$\frac{\partial N_D^+}{\partial t} = G = \beta(I+1)(N_D - N_D^+) - \alpha_R N_D^+ n_e \quad (2.39)$$

在这里,I 表示的是归一化强度 $I = \tilde{I}/I_{\text{sat}}$。

方程式(2.35)~(2.39)构成了 Kukhtarev 带运输模型方程的基本形式。在大多数情况下,为了得到一个简化的空间电荷场的表达式,我们可以进行一些合理的近似。首先,假设介质表面上的照明是准均匀的,并且系统处在一个稳定的状态($\partial_t = 0$)。此外,在式(2.35)中,光生伏特效应项被忽略掉。

基于上面提到的这些假设,主要存在两种近似计算方法。第一个是由 Christodoulides 和 Carvalho 提出的各向同性近似表示方法[23]。第二个近似

方法是由 Zozulya 和 Anderson 提出的,被称为各向异性模型[24]。

2.6.3　各向同性近似模型

在光折变材料中,杂质离子的密度通常远远大于自由电子的密度,即

$$N_{\mathrm{D}}^{+}, N_{\mathrm{A}} \gg n_e \tag{2.40}$$

利用这种关系,电离的施主杂质的密度和自由电子的密度可由式(2.37)和式(2.39)得到,分别为

$$N_{\mathrm{D}}^{+} = N_{\mathrm{A}}\left(1 + \frac{\varepsilon_0 \varepsilon}{e N_{\mathrm{A}}} \nabla \boldsymbol{E}\right) \tag{2.41}$$

$$n_e = \frac{\beta(N_{\mathrm{D}} - N_{\mathrm{D}}^{+})}{\alpha_{\mathrm{R}} N_{\mathrm{D}}^{+}}(1 + I) \tag{2.42}$$

假设在晶体的光照区域边界附近,光强 I 逐渐达到一个定值,这个区域的空间电荷场也具有独立的横向坐标。即, $|\boldsymbol{E}(x \to \pm\infty)| = |\boldsymbol{E}_0|$。由式(2.42)可知,自由电子密度 $n_e^{(0)}$ 为

$$n_e^{(0)} = \frac{\beta(N_{\mathrm{D}} - N_{\mathrm{A}})}{\alpha_{\mathrm{R}} N_{\mathrm{A}}}(1 + I_\infty) \tag{2.43}$$

由于已经假设该系统是处于一个稳定的状态,所以式(2.35)中电流密度到处是恒定的,即 $n_e^{(0)}\boldsymbol{E}_0 = n_e\boldsymbol{E} + D\mu^1 \nabla n_e$,等价于

$$\boldsymbol{E} = \frac{n_e^{(0)}\boldsymbol{E}_0}{n_e} - \frac{D}{\mu n_e} \nabla n_e \tag{2.44}$$

考虑到在载流子的迁移过程中,漂移运动占主导地位,而扩散项可以忽略不计。此外,进一步假设光束的强度随着空间坐标发生缓慢的变化($\nabla \boldsymbol{E}_{\mathrm{SC}} \approx 0$)并且设 $I_\infty = 0$,合并式(2.42),(2.43)和(2.44)可得

$$\boldsymbol{E} = \boldsymbol{E}_0 \frac{1}{1 + I} \tag{2.45}$$

奇特的是,在式(2.45)中,电场的强度分布不依赖于任何空间坐标的变化,这就是该模型被称之为"各向同性近似模型"的原因。这个模型对于研究所有的一维构造问题和一般的饱和非线性介质是非常适合的,但它没有考虑到具体的光折变介质的各向异性性质,因此具有很大的局限性。为了

获得更逼真的物理过程模型,因此,有必要使用各向异性模型。

2.6.4　各向异性模型

由于光折变晶体具有各向异性的属性,所以各向同性的近似模型不适合实际情况的分析。因此,必须使用各向异性的模型。各向异性模型是由 Zozulya 和 Anderson 在 1994 年首次提出的[24]。

其基本思路是,用静电势来表示其电场:

$$\boldsymbol{E} = -\nabla\tilde{\phi} \qquad (2.46)$$

设存在一个沿着横向 x 轴方向的电场 $\boldsymbol{E}_0$。电势 $\tilde{\phi}$ 由光诱导项 ϕ 和加电压项 $-|\boldsymbol{E}_0|x$ 组成,即 $\tilde{\phi} = \phi - |\boldsymbol{E}_0|x$。像前面假设的那样,光照强度沿着空间坐标缓慢地变化,在该条件下,式(2.42)转变为

$$n_e = \frac{\beta(N_D - N_A)}{z'N_A} \qquad (2.47)$$

把式(2.47)代入式(2.35),并且在稳定系统中$(\nabla j = 0)$忽略光生伏特效应项,从而得到

$$\nabla^2\phi + \nabla\ln(1+I)\nabla\phi$$
$$= |E_0|\frac{\partial\ln(1+I)}{\partial x} - D[\nabla^2\ln(1+I) + (\nabla\ln(1+I))^2] \qquad (2.48)$$

这个方程在两个横向维度的情况下没有解析解,因而只能采用数值求解方法。由此产生的电势产生了总的电场 $\boldsymbol{E} = \boldsymbol{E}_0 - \nabla\phi$,折射率的变化情况由式(2.33)决定。然而,当求解传播方程式(2.29)时,折射率变化量 $\Delta n^2(I)$ 通常由光诱导产生的空间电荷场 $\boldsymbol{E}_{SC} = -\nabla\phi$ 直接决定。这一点是可行的,因为 $\boldsymbol{E}_0$ 的贡献只是给出了一个附加的相位因子,忽略这一项等于重新调节 n_0。

在横向一维的条件限制下,式(2.48)的一个分析解为

$$\boldsymbol{E}_{SC} = \left(-|\boldsymbol{E}_0|\frac{I}{1+I} - \frac{D}{1+I}\frac{\partial I}{\partial x}\right) \cdot \boldsymbol{e}_x \qquad (2.49)$$

事实上,这种一维问题的解决方案往往是作为二维情况下的近似。类比式(2.45),如果忽略扩散项$(D=0)$会得到与各向同性近似模型相同形式的总

电荷场表达式 $E = E_{SC} + E_0$。光折变晶体的光折变非线性特性已经在许多实验中观察到[25-27]。因此,这种各向同性的方法显然不能够用来描述光折变晶体的各向异性特征。在实际问题中我们将使用式(2.48)的各向异性模型,并且再次忽略扩散项,这样有

$$\nabla^2 \phi + \nabla \ln(1+I) \nabla \phi = |\boldsymbol{E}_0| \frac{\partial \ln(1+I)}{\partial x} \quad (2.50)$$

最终,传播方程(2.29)被表示为

$$2\mathrm{i} \frac{\partial A}{\partial z} + \nabla_{\perp}^2 A - \Gamma E_{SC}(|A|^2)A = 0 \quad (2.51)$$

在这里我们引入耦合常数 $\Gamma = k_z^2 x_0^2 n_0^2 r_{eff}$。因为介质的折射率只沿着平行于 c 轴的方向变化,所以在这里空间电荷场 E_{SC} 被视为一个标量。

2.7　周期性光学微结构

　　在周期性的光子微结构中,介质的折射率 n 至少在一个维度上是周期性变化的(在该方向上受调制)。这方面最简单的例子是一维的布拉格光栅。布拉格光栅已经问世 100 多年,它目前仍然广泛地应用于在实验中反射某一入射方向或者特定频率的光波[28]。Yablonovitch 和 John 首先提出了周期性光子结构的概念,它是指在一维、二维或者三维的方向上介质的折射率呈现空间周期性变化的一种结构,现在普遍把这种结构称为"光子晶体"[5-6]。之所以采用这个名称,是因为光子晶子的周期性结构能够影响光子的运动,其作用的方式类似于周期性的半导体晶体影响电子的运动。因此,光子晶体也被人们称为"光半导体"。光子晶体为在全光信息处理和纳米光电子器件中控制、操纵光子提供了一种新的可能性。关于光子晶体的典型的例子如图 2-4 所示,有一维的电介质镜、增透/增反膜、二维的光子晶体光纤以及结构更为复杂的三维光栅等[29-32]。

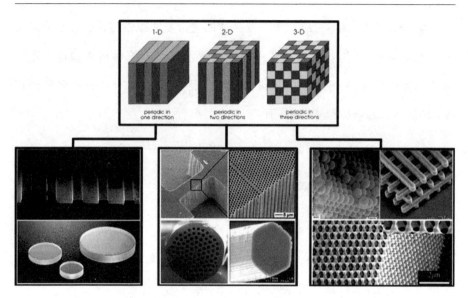

图 2-4　一维、二维和三维的光学周期性微结构(光子晶体)的实例

　　光子晶体的制作研究一直是人们关注的热点。到目前为止,人们提出了多种制作光子晶体类周期性的光学微结构的方法和工艺。例如,双光子聚合法、胶体结晶法、离子束蚀刻法、半导体精密加工法、机械钻孔法等[33-37]。然而,在块状介质中制作大面积的周期性光学显微结构仍然是一个挑战。此外,这些方法都比较复杂,对加工的精密度要求很高,制作成本昂贵。实验研究中要求所用的光子晶体制作方便,成本低廉,参数容易控制和设定,并且需要在较低的光功率下具有较高的非线性特性。这些特点决定了上述制作手段不适合制作用于实验研究的光子周期性微结构。

　　光学诱导技术,是一种新的制作光子晶格的便捷方法。利用几个单色光束的干涉,可以在光折变晶体中光诱导产生周期性的光学微结构,这种光折变晶体中由于折射率调制所产生的光子晶体一般被称为光子晶格。诱导产生的光折变光子晶格的周期性可以通过改变干涉光束的夹角来控制,而光子晶格的调制深度取决于曝光时间和入射光波的光强。由于光折变材料的各向异性电光特性,所以光折变光子晶格可以在入射光功率非常低的水平下产生。虽然光折变材料中光子晶格的折射率调制度较低,但是已经证明在这些折射率周期性调制的材料中存在着空间光子带隙。如分立孤子、带隙孤子等[38-42]。

2.7.1 光子带隙频谱

为了引入光波在横向周期性结构中传播的概念,我们首先假设一个已经预先设定好的稳定的折射率呈周期性调制的微结构。它是对光诱导的光子晶格的模型的抽象和简化。

由于引入了横向的稳定的折射率周期性调制 Δn_{pot}^2,它使得传播方程式(2.51)中增加了一个势能项,则传播方程变为

$$2\mathrm{i}\frac{\partial A}{\partial z}+\nabla_\perp^2 A+V(x,y)A-\Gamma E_{SC}(|A|^2)A=0 \qquad (2.52)$$

其中,$V(x,y)=k_z^2 x_0^2 n_0^{-2}\Delta n_{pot}^2$。值得注意的是该方程与光学晶格中的物质波方程非常类似,其原因是选择了 $E_{SC}(|A|^2)=\pm|A|^2$(克尔型非线性)并且取 $z\rightarrow t$。式(2.52)转化成两维的 Gross-Pitaevskii 方程用来描述光学晶格系统中的 Bose-Einstein 凝聚[43]。

此外,在线性条件下的式(2.52)(例如,$\Gamma=0$ 时)是固态物理系统中电子在周期性势场中运动的标准方程。

设 $A(\mathbf{r})=\widetilde{A}(\mathbf{r}_\perp,\mathbf{k}_\perp)\cdot\mathrm{e}^{\mathrm{i}\beta z}$,其中 $\widetilde{A}(\mathbf{r}_\perp,\mathbf{k}_\perp)=a(\mathbf{r}_\perp,\mathbf{k}_\perp)\mathrm{e}^{\mathrm{i}\mathbf{k}_\perp\cdot\mathbf{r}_\perp}$,则线性方程转化为本征值问题:

$$\frac{1}{2}[(\nabla_\perp+\mathrm{i}\mathbf{k}_\perp)^2+V(\mathbf{r}_\perp)]a(\mathbf{r}_\perp,\mathbf{k}_\perp)=\beta(\mathbf{k}_\perp)a(\mathbf{r}_\perp,\mathbf{k}_\perp) \qquad (2.53)$$

这里 $\mathbf{r}_\perp=(x,y)$,$\mathbf{k}_\perp=(k_x,k_y)$。$\beta$ 是传播常数,它被看作是向量分量 k_z 的补偿[例如式(2.27)]。

在均匀的块状介质中($V(\mathbf{r}_\perp)\equiv0$),系统的本征模式解是一平面波 $\widetilde{A}(\mathbf{r})=a_0\mathrm{e}^{\mathrm{i}\mathbf{k}_\perp\cdot\mathbf{r}_\perp}$,其中 a_0 是常数。我们能够得到色散关系式 $\beta(\mathbf{k}_\perp)=-(k_x^2+k_y^2)/2$,如图 2-5(a)所示,图像呈抛物线型。它显示了传播常数在一个半无限大的区域内被禁止,这与电子在固体系统中的禁带结构相类似。在这里注意到 β 的绝对值仅仅决定于在 z 轴方向上的总的波矢分量由 $k_z+\beta$ 给出一个任意的附加常数。在式(2.27)中对于 k_z 初始值的设定并没有固定

的规则。在这里我们采用了一种最常见的选择,取半无限大禁带为 0 到 $+\infty$,并且 $V_0 \rightarrow 0$。

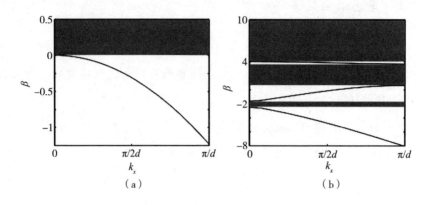

图 2-5　计算出的线性色散关系

(a)$V(\boldsymbol{r}_{\perp})=0$ 的块状均匀介质;(b)$V(\boldsymbol{r}_{\perp})=V_0\cos^2(\pi x/d)$,$V_0=0.000\,9$,$d=2x_0$ 的一维格子

在周期性调制 $V(\boldsymbol{r}_{\perp})$ 的情况下,由于多重的布拉格反射,结构的色散性质发生了极大的改变。因此,色散曲线 $\beta(\boldsymbol{k}_{\perp})$ 被几个有限尺度的禁带分成了若干个通频带。在这种情况下,式(2.52)在线性条件中的本征模式解就是人们所熟知的布洛赫波,即

$$\widetilde{A}_m(\boldsymbol{r}_{\perp},\boldsymbol{k}_{\perp})=a_m(\boldsymbol{r}_{\perp},\boldsymbol{k}_{\perp})\cdot e^{i\boldsymbol{k}_{\perp}\cdot\boldsymbol{r}_{\perp}} \qquad (2.54)$$

在这里函数 $a_m(\boldsymbol{r}_{\perp},\boldsymbol{k}_{\perp})$ 以晶格的周期性为基础,指数 $m=1,2,3,\cdots$ 代表不同的带隙数。如果不是特定地指出某个频带,在通常情况下,为了方便起见会省去指数 m 不写。图 2-5(b)显示了在 $V(x,y)=V_0\cos^2(\pi x/d)$ 的一维调制下,有效调制深度为 V_0,晶格常数为 d 的周期性结构的色散关系曲线。值得注意的是,一般的色散关系具有平移不变性 $k_{x,y}\rightarrow k_{x,y}\pm2\pi/d$。因此,在第一布里渊区可以完全确定它的取值 $k_{x,y}\in[-\pi/d,\pi/d]$。此外,由于周期性结构本身具有多重对称性,所以第一布里渊区本身就有很多地方是多余的。通过排除这些多余的部分,可以得到所谓的不可约布里渊区谱。图 2-5 中所表示的一维周期性结构其不可约布里渊区谱的取值为 $k_x\in[0,\pi/d]$。

参考文献

［1］ Terhalle B. Controlling light in optically induced photonic lattices［M］. Berlin：Springer Science & Business Media，2011.

［2］ Fleischer J W，Segev M，Efremidis N K，et al. Observation of two-dimensional discrete solitons in optically induced nonlinear photonic lattices［J］. Nature，2003，422(6928)：147-150.

［3］ 刘思敏，郭儒，许京军. 光折变非线性光学及其应用［M］. 北京：科学出版社，2004.

［4］ Boyd R W. Nonlinear optics［M］. New York：Academic Press，2003.

［5］ Zernike F，Midwinter J E. Applied nonlinear optics［M］. Massachusetts：Courier Corporation，2006.

［6］ Boyd R. Contemporary nonlinear optics［M］. New York：Academic Press，2012.

［7］ Saad Osman Bashir. Advanced electromagnetic waves［M］. New York：InTech Press，2015.

［8］ Mills D L. Nonlinear optics：basic concepts［M］. Berlin：Springer Science & Business Media，2012.

［9］ 赵圣之. 非线性光学［M］. 济南：山东大学出版社，2007.

［10］ 李淳飞. 非线性光学［M］. 第二版. 北京：电子工业出版社，2009.

［11］ 杨小丽. 光电子技术基础［M］. 北京：北京邮电大学出版社，2005.

［12］ Kippelen B，Meerholz K，Peyghambarian N. Ellipsometric measurements of poling birefringence，the Pockels effect，and the Kerr effect in high-performance photorefractive polymer composites［J］. Applied Optics，1996，35(14)：2346-2354.

[13] Zheng G, Wang H, She W. Wave coupling theory of quasi-phase-matched linear electro-optic effect[J]. Optics Express, 2006, 14(12): 5535-5540.

[14] Roussey M, Bernal M P, Courjal N, et al. Electro-optic effect exaltation on lithium niobate photonic crystals due to slow photons[J]. Applied Physics Letters, 2006, 89(24): 241110.

[15] Yeh P. Introduction to photorefractive nonlinear optics[M]. New York: Wiley-Interscience, 1993.

[16] Petrov M P, Stepanov S I, Khomenko A V. Photorefractive crystals in coherent optical systems[M]. Berlin: Springer, 2013.

[17] 杨春晖, 孙亮, 冷雪松, 等. 光折变非线性光学材料: 铌酸锂晶体[M]. 北京: 科学出版社, 2009.

[18] Ashkin A, Boyd G D, Dziedzic J M, et al. Optically-induced refractive index inhomogeneities in $LiNbO_3$ and $LiTaO_3$ [J]. Applied Physics Letters, 1966, 9(1): 72-74.

[19] Chen F S, LaMacchia J T, Fraser D B. Holographic storage in lithium niobate[J]. Applied Physics Letters, 1968, 13(7): 223-225.

[20] Yariv A, Orlov S S, Rakuljic G A. Holographic storage dynamics in lithium niobate: theory and experiment[J]. JOSA B, 1996, 13(11): 2513-2523.

[21] Chen F S. Optically induced change of refractive indices in $LiNbO_3$ and $LiTaO_3$[J]. Journal of Applied Physics, 1969, 40(8): 3389-3396.

[22] Glass A M, Cardillo M J. Holographic data storage[M]. Berlin: Springer, 2012.

[23] Frejlich J. Photorefractive materials: fundamental concepts, holographic recording and materials characterization[M]. New York: John Wiley & Sons, 2007.

［24］ Zhang M，Chen W，Chen L，et al. Photorefractive long-period waveguide grating filter in lithium niobate strip waveguide[J]. Optical and Quantum Electronics，2014，46(12)：1529-1538.

［25］ Tao S，Selviah D R，Midwinter J E. Spatioangular multiplexed storage of 750 holograms in an Fe：LiNbO₃ crystal[J]. Optics Letters，1993，18 (11)：912-914.

［26］ Kim Y H，Sohn S D，Lee Y H. Storage of multiple holograms of equal diffraction efficiency in a phase-code multiplexing system[J]. Applied Optics，2004，43(10)：2118-2124.

［27］ Gan H，Xu N，Li J，et al. Hidden image recovery using a biased photorefractive crystal in the Fourier plane of an optical imaging system [J]. Optics Express，2015，23(3)：2070-2075.

［28］ Nehmetallah G，Banerjee P，Khoury J. Adaptive defect and pattern detection in amplitude and phase structures via photorefractive four-wave mixing[J]. Applied Optics，2015，54(32)：9622-9629.

［29］ Kukhtarev N V，Markov V B，Odulov S G，et al. Holographic storage in electrooptic crystals. I. Steady state[J]. Ferroelectrics，1978，22(1)：949-960.

［30］ 张光勇，程永进. 光折变空间光学孤子及其温度与自偏转特性[M]. 武汉：中国地质大学出版社，2012.

［31］ 孔勇发，许京军，张光寅，等. 多功能光电材料：铌酸锂晶体[M]. 北京：科学出版社，2005.

［32］ 陶世荃，江竹青，王大勇，等. 光学体全息技术及应用[M]. 北京：科学出版社，2013.

［33］ 石顺祥，陈国夫，赵卫，等. 非线性光学[M]. 西安：西安电子科技大学出版社，2003.

［34］ Nolte D D. Photorefractive effects and materials[M]. Berlin：Springer

Science & Business Media,2013.

[35] 李铭华,等. 光折变晶体材料科学导论[M]. 北京:科学出版社,2003.

[36] Weis R S,Gaylord T K. Lithium niobate:summary of physical proper-
ties and crystal structure[J]. Applied Physics A,1985,37(4):191-
203.

[37] Amodei J J,Staebler D L. Holographic pattern fixing in electro-optic
crystals[J]. Applied Physics Letters,1971,18(12):540-542.

[38] Staebler D L,Burke W J,Phillips W,et al. Multiple storage and era-
sure of fixed holograms in Fe-doped LiNbO$_3$[J]. Applied Physics Let-
ters,1975,26(4):182-184.

[39] Vormann H,Weber G,Kapphan S,et al. Hydrogen as origin of ther-
mal fixing in LiNbO$_3$:Fe[J]. Solid State Communications,1981,40
(5):543-545.

[40] Buse K,Adibi A,Psaltis D. Non-volatile holographic storage in doubly
doped lithium niobate crystals[J]. Nature,1998,393(6686):665-668.

[41] Imbrock J,Kip D,Krätzig E. Nonvolatile holographic storage in iron-
doped lithium tantalate with continuous-wave laser light[J]. Optics
Letters,1999,24(18):1302-1304.

第 3 章　光折变准晶光子微结构的制备与表征

3.1　准晶光子微结构的研究背景

　　光子准晶是一类极具特点的光子微结构[1-3]。准晶是自然界中存在的一种介于晶体和非晶体之间的物质结构。这类物质具有特定的结构衍射图案和长程有序性,但不具备晶体的平移对称性[4-6]。相比于周期性晶体结构,准晶类结构具有较高的旋转对称性,如图 3-1 所示。这种高度的中心对称特点削弱了结构的方向相关性,对结构的物理性质产生了显著的影响[7-9]。把准晶独特的性质与光子微结构的概念相结合,就形成了一种新型的光子材料,即光子准晶。这种具有准周期结构特点的光子微结构具有较高的灵活性和可调谐性的缺陷模,因而引起了众多研究人员的关注,成为一个新的研究热点。与周期性的光子微结构类似,光子准晶结构也存在光子带隙,某些频段的电磁波在结构中无法进行传播[10-11]。由于存在高度的旋转对称性,光子准晶结构呈现出一些周期性光子微结构所不具备的有趣特性,比如,在较低的折射率对比度下就能产生更加均匀和各向同性的光子带隙,更容易实现完备的光子禁带,以及实现负折射率与零折射率等[12-16]。因此,光子准晶是一种更具应用价值的光子微结构。

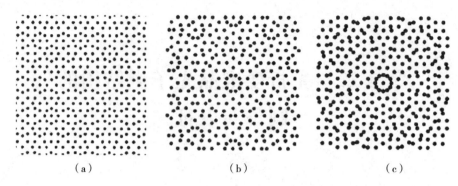

图 3-1   三种典型的准晶结构图

(a)八次对称准晶；(b)十次对称准晶；(c)十二次对称准晶

目前,二维和三维周期性光子微结构在理论研究和实验研究方面都有了诸多报道,并取得了一系列引人注目的成果[17-21]。而准晶光子微结构由于复杂程度高,制备难度大等原因,大部分研究工作仍然集中在理论层面[22-26]。虽然在制备周期性光子微结构方面已经有了一些比较成熟的技术[27-31],但是这些典型的微结构加工技术并不适合制备具有高度旋转对称性的准晶微结构。2011 年 Ricciardi[1]等人在 SOI(silicon-on-insulator,绝缘衬底上的硅)材料上用电子束光刻的方式制作出了二维八次对称的准晶微结构,这是一个很有意义的成果。但是电子束光刻存在工艺复杂、制备效率低、材料透光率较低的缺点,且需要昂贵的专门设备,制作费用很高。这大大限制了准晶类光子微结构的推广和应用。因此,如何简便地实现准晶光子微结构的灵活制备就具有十分重要的现实意义。

光感应技术是一种制作光子微结构的新方法,具有简便易行、成本低廉的特点[32-34]。它是利用相干激光的多光束干涉以及光折变介质的光致折射率变化特性来产生微结构的。光折变介质在强度非均匀分布的光辐照下,介质的折射率会发生局部改变,这样就形成了光感应的折射率微结构,即光折变微结构。光折变材料的光辐照敏感度较高且具有可饱和特点,因此在制作过程中仅需较低功率(mW 量级)的光辐照即可。虽然光折变效应引起的介质折射率改变量比较小,但是在这类光折变光子微结构中已经实验观察到了一系列有趣的非线性光学现象,如分立衍射、反常折射、分立孤子、衍射控制等[35-39]。这些新奇的现象为实现全光方法调控光波的传播行为带来了新的思路,也为研究新型非线性微纳光子学器件提供了可能。

目前在有关光折变光子微结构制备的报道中,大部分实验采用的光折变材料都是铌酸锶钡光折变晶体[40-44]。铌酸锶钡晶体是一种自聚焦光折变材料,它的光折变非线性特性需要靠施加外部偏置电场来维持。外部偏置电场越强,介质的非线性就越高。因此可以通过控制外部的电场强度来调节介质的非线性特性,以适应不同的实验需要。但当外部施加的电场消失时,铌酸锶钡晶体中感应出的折射率结构会逐渐消失。这一特点大大限制了光折变光子微结构的应用范围。掺铁铌酸锂是一种不同于铌酸锶钡的光折变材料,它是光折变自散焦晶体。在光辐照下,掺铁铌酸锂晶体不需要施加外部电场就能产生明显的光折变非线性[45-48]。它的光致折射率改变量可达到 $10^{-4} \sim 10^{-3}$,这个级别的变化量已经足够在介质内部产生折射率调制的微结构[49-51]。此外,相对于铌酸锶钡晶体,掺铁铌酸锂晶体最显著的优势是具有优秀的信息存储特性。在暗环境中,通过光感应制作的折射率微结构即使不做任何处理也能在掺铁铌酸锂晶体中稳定存在很长一段时间(数周至几个月)。如果进行适当的固化处理(如热固定、光固定),则折射率微结构可以永久地"记录"在晶体中[52-55]。这对于扩宽光折变光子微结构的应用范围具有重要的意义。

用光感应技术制作光折变光子微结构的关键在于如何产生能满足制作要求的辐照光。理想的辐照光应满足以下两个条件:首先,辐照光的光强分布应当与所制备的光子微结构具有相同的几何分布特点和相等的周期尺度;其次,辐照光的光强分布图案应具有较高的明暗对比度,暗条纹要尽可能暗(即该区域光强度较低),而明条纹则要足够明亮(即该区域光强度较高)。利用光波的干涉可以实现上述要求。两束、三束、四束相干激光束干涉能够产生周期性的光强图案,通过调节干涉光束之间的夹角可以控制干涉图案的周期大小。只要保证每束光的入射强度相等,就能获得具有较高明暗对比度的辐照光,从而在光折变介质中感应出一维和二维周期性的光子微结构[56]。准晶态结构具有高度的旋转对称性,这一几何特征决定了要产生光强分布具有中心对称特点的准周期辐照光,就必然需要更多束光发生干涉。传统的实验方法产生多光束干涉需要搭建一套复杂的光学系统。该系统由一系列分光棱镜和反射镜片组成,调节起来非常复杂烦琐,且只能适用于干涉光束数目不多的情况[57-58]。随着干涉光束数目变多,分光和反射元件的数量会显著增加,多光束干涉系统的复杂性也会随之增大。这给装置的调节和系统的稳定性都带来了很多不利的影响,从而导致产生的多光束干涉效果也随之变差。一般来说,对于产生四束以上的多光束干涉,"分光镜+反射镜"的干涉方式实施起来是非常困难和不可取的。因此,传统的多光束干涉方法显然无法满足制作准晶光子微结构的要求。

如果能够用较少的光学元件实现多光束干涉,那无疑会降低光学系统的复杂性,不仅可以显著地简化光子微结构的制备过程,还可以有效地控制制作成本。目前,已经有一些关于新方法产生多光束干涉的研究报道,如2001年Kondo[59]等人使用衍射分束器实现了多个等强度相干光束的产生,并使它们发生叠加干涉。2008年Zito[60]等人利用编程控制的液晶空间光调制器采用计算全息的方法来产生多光束干涉,得到了光强分布呈准周期形态的干涉光场。这些都是具有积极意义的成果。但是在这些实施方案中,多光束干涉的产生必须依赖于衍射分束器或液晶空间光调制器这类比较昂贵的专门设备。昂贵精密设备的引入虽然使复杂的光学系统得到了简化,但是实验设备的总投入随之增加,提高了光子微结构的制作成本。这必然会对上述制备方法的推广应用产生不利的影响。在本章中,我们采用一种极其简单的方法来产生多个相干光束的干涉,并以此为基础在掺铁铌酸锂晶体中制作出了二维和三维的准晶光子微结构。这是首次在铌酸锂类晶体中制作出准晶类光子微结构。该实验方法的核心是通过一块多针孔板来实现多个等强度相干光束的产生,然后利用光学透镜的相位变换和傅里叶变换作用使这些等强度相干光束在一定位置发生干涉。该方法的实验装置非常紧凑稳定,不需要复杂的调节装置,并且廉价易得,可以在几乎所有条件简单的实验室进行制作。这极大地降低了光折变光子微结构的制作成本。

此外,该实验方法非常灵活,通过设计不同的多针孔板,能够扩展用于制作多种不同周期、不同形状甚至更加复杂的光折变光子微结构。更重要的是,该实验方法不仅限于在光折变介质中制作折射率调制微结构,它也可以根据需要适用到其他类型的光敏介质(如光刻胶、全息干板、照相底片等)上,制作出不同基质的光子微结构。

3.2　多针孔板方案的理论基础

透镜是一种最常见的光学元件,它是由透明物质磨制成的薄片,其两个表面均为球面或其中一个表面是平面。透镜本身的厚度变化,使入射光波在通过透镜的不同区域时,经过的光程差有所不同,即各部分光波所受的时间延迟存在差异。这会使光波的等相位面发生弯曲,产生相位变换的效果。通过相位变换,透镜能够对入射光波的波前形状进行调制,进而改变光波的传播方式。凸透镜是焦距为正值的透镜。在一定条件下,凸透镜具有二维傅里叶变换的作用,这也是凸透镜最有用、最突出的一个性质[61-64]。下面我们对凸透镜实现傅里叶变换的条件进行简单的介绍(由于本书中涉及的透镜均为凸透镜,所以以下内容中将凸透镜均简称为透镜):

图 3-2 是由单个透镜构成的一个轴对称光学系统。假设一个平面透明物体位于透镜前距离 d 处,透镜的焦距为 f,该透明物体的振幅透射比为 t_0 (x_0, y_0)。用振幅为 A 的单色平面波垂直入射均匀照明该物体,则在紧贴物体的后表面上光场分布满足:

$$U_0(x_0, y_0) = At_0(x_0, y_0) \tag{3.1}$$

即 U_0 代表了物体的透过率函数。在可忽略透镜孔径限制对入射光场影响的条件下,根据菲涅耳衍射积分以及透镜的相位变换过程可以求出后焦平面上的光场复振幅分布满足下式:

$$U_f(x_f, y_f) = \frac{A}{i\lambda f} \exp\left[i \frac{k}{2f}\left(1 - \frac{d}{f}\right)(x_f^2 + y^2 f)\right]$$

$$\int_{-\infty}^{\infty}\int_{-\infty}^{\infty} t_0(x_0,y_0)\exp\left[-\,\mathrm{i}\frac{2\pi}{\lambda f}(x_f x_0+y_f y_0)\right]\mathrm{d}x_0\,\mathrm{d}y_0 \qquad (3.2)$$

其中，$\dfrac{A}{\mathrm{i}\lambda f}$ 是常数相位因子，表示光波在传输过程中出现的振幅衰减和相位延迟 $\pi/2$。$\exp\left[\mathrm{i}\dfrac{k}{2f}\left(1-\dfrac{d}{f}\right)(x_f^2+y_f^2)\right]$ 表示一个随着坐标和间距不同而产生变化的附加相位，被称之为二次相位因子。

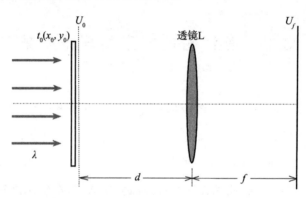

图 3-2　单透镜组成的光学系统

由式(3.2)可知，当物体位于透镜前方任意距离处时，在透镜后焦平面上得到的光场复振幅分布等于物体透过率函数 $U_0(x_0,y_0)$ 的傅里叶变换式与常数相位因子和二次相位因子的乘积，这是一个普遍性的关系式。物体的空间频率为 $(u=\dfrac{x_f}{\lambda f},v=\dfrac{y_f}{\lambda f})$，空间频率 (u,v) 傅里叶分量的振幅和相位决定了后焦平面上光场的振幅和相位。由于式(3.2)中包含一个二次相位因子，它的存在会造成后焦平面上的光场分布出现相位弯曲。因此，在绝大多数情况下，后焦平面上得到的是物体不准确的傅里叶变换。但是在某些特殊条件下该相位弯曲会消失。例如，当物体与透镜的间距恰好等于透镜焦距时，即 $d=f$，式(3.2)中的二次相位因子变为 $\exp\left[\mathrm{i}\dfrac{k}{2f}\left(1-\dfrac{d}{f}\right)(x_f^2+y_f^2)\right]=1$，即二次相位因子变为常数，此时后焦平面上的光场分布变为

$$U_f(x_f,y_f)=\frac{A}{\mathrm{i}\lambda f}\int_{-\infty}^{\infty}\int_{-\infty}^{\infty} t_0(x_0,y_0)\exp\left[-\,\mathrm{i}\frac{2\pi}{\lambda f}(x_f x_0+y_f y_0)\right]\mathrm{d}x_0\,\mathrm{d}y_0$$

$$(3.3)$$

这与物体透过率函数 $U_0(x_0, y_0)$ 的傅里叶变换式相比仅多了一个常数相位因子。所以在 $d=f$ 情况下,在透镜后焦平面上获得的光场是物体准确的傅里叶变换。这样透镜就完美地实现了二维的傅里叶变换。

透镜的这种傅里叶变换性质为改变光波的传播方式提供了很大的便利。它能够实现球面波和平面波之间的转换。只要点光源处于透镜的前焦平面上,点光源发出的球面波在经过透镜后都会变为平面波。如图 3-3(a)所示,当前焦平面上的点光源正好位于透镜的前焦点时,产生平面波的传播方向将与透镜光轴方向重合。而当点光源在前焦平面内但位置偏离透镜光轴时,设点光源到光轴的垂直距离为 a,则产生的平面波将会偏离透镜光轴传播,其传播方向与透镜光轴的夹角 θ 满足关系式 $\theta = \arctan(a/f)$,f 为透镜的焦距,如图 3-3(b)所示。这个特性非常有意义,它表明在透镜焦距已定的情况下,通过改变点光源在前焦平面上的位置就能控制平面波的传播方向。可以利用这一特性来实现光波的干涉。图 3-3(c)是系统具有两个点光源的情况,假设前焦平面内的 M、N 两个点光源是相干的,它们具有相同的波长、相位、振幅特性,且两者关于透镜光轴上下对称,到光轴的垂直距离均为 a。由前面的分析可知,两个点光源发出的光波会转变成两束平面波。其中源于 M 点光源的平面波其传播方向与光轴的夹角为 $\theta_M = \arctan(a/f)$,而源于 N 点光源的平面波传播方向与光轴的夹角为 $\theta_N = -\arctan(a/f)$。这两个夹角大小相等,角度相反。两束平面波在透镜的后焦平面附近区域相遇,发生叠加。由于 M、N 是相干点光源,所以在叠加的区域光波会发生干涉。两平面波发生干涉时,干涉条纹间距满足关系式 $\Delta x = \lambda/(\sin\theta_M - \sin\theta_N)$。由于 $\theta_M = -\theta_N$,则有 $\Delta x = \lambda/(\sin\theta_M - \sin\theta_N) = \lambda/(2\sin\theta_M)$。当平面波的传播方向与透镜的光轴夹角角度较小($\theta < 5°$)时,有 $\sin\theta_M \approx \tan\theta_M = a/f$。条纹间距的表达式可表示为 $\Delta x = \lambda/(2\sin\theta_M) \approx \lambda/(2\tan\theta_M) = \lambda f/2a$。对于给定的点光源,其波长 λ 是定值,而所选用的透镜的焦距 f 也是已知量,所以能够影响干涉条纹间距大小的是点光源到光轴的垂直距离 a。由 $\Delta x = \lambda f/2a$ 可知,不同的 a 值决定了不同的条纹间距 Δx。这样两个相干点光源在透镜傅里叶变换作用下就产生了干涉条纹间距可以灵活设定的双平面波干涉。

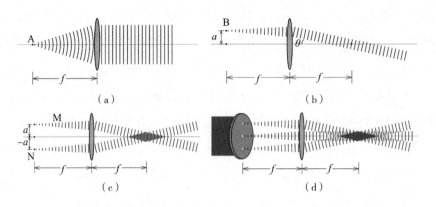

图 3-3 利用单透镜的傅里叶变换作用产生多光束干涉的原理示意图

(a)单个点光源位于透镜前焦点；(b)单个点光源位于透镜前焦平面上，且与前焦点距离为 a；(c)两个点光源位于透镜的前焦平面上；(d)带有三个针孔的平板位于透镜的前焦平面上

类似地，可以扩展到具有更多点光源的情况。当 m 个相干点光源位于透镜前焦平面上，每个点光源都会转换成一个平面波，这些平面波将在后焦平面附近相遇叠加，从而形成 m 束平面波的干涉。多个点光源的产生可以利用多针孔板来实现，如图 3-3(d)所示。多针孔板是一个带有若干针孔的硬质薄板，它被放置在一个透镜的前焦平面上。当单色平面波垂直照射多针孔板时，板上的每个针孔都被照亮。由于针孔的直径很小（小于 1 mm），而透镜的焦距相对来说较长（大于 100 mm），针孔发出的光波在系统中的传播距离远远大于针孔的孔径。因此，薄板上的每个针孔都可以近似被看作点光源。由于这些针孔具有相同的大小且处于同一个平面内，所以在单色平面波的均匀辐照下，这些由针孔近似而成的点光源必然在波长、相位、强度和偏振方面具有相同的特性，即它们之间是相干的。这样利用一块带针孔的薄板就简便地产生了多个相干点光源。多针孔板的加工非常简单，并且针孔的数目和位置可以在加工的时候根据需要自由设定。这样不仅多光束干涉的数目增加不再是难以逾越的障碍，而且干涉光束的夹角也能灵活地进行调整。因此，多针孔板与透镜傅里叶变换相结合的方法是一种极其简便、灵活的多光束干涉实施方案。这为产生准周期的辐照光提供了一个行之有效的途径，大大方便了光折变准晶光子微结构的制作。

3.3　二维光折变准晶光子微结构的制备与表征

　　根据上述原理,使用具有五个针孔的多针孔板配合透镜的傅里叶变换就可以产生五光束干涉。五针孔板的针孔分布如图 3-4(a)所示,五个针孔组成一个正五边形。五束平面波干涉的几何配置如图 3-4(b)所示,五束平面波的波矢构成了一个五棱锥的结构,相邻波矢之间夹角两两相等。五束平面波干涉光强分布的 Matlab 仿真结果如图 3-4(c)所示。由该图可知,五束平面波干涉产生的干涉光强图案是一种较为复杂的准周期图案。该图案的结构特点呈现出十次的旋转对称性,这是一种准晶形态的空间分布。因此,利用五束光干涉就可以得到用于制作十次对称准晶光子微结构的辐照光。通过计算机模拟,还可以得到这种二维十次对称准晶结构的逆傅里叶变换[如图 3-4(d)所示],以及该准晶结构对应的远场衍射图样[如图 3-4(e)所示]和布里渊区结构图案[如图 3-4(f)所示]。

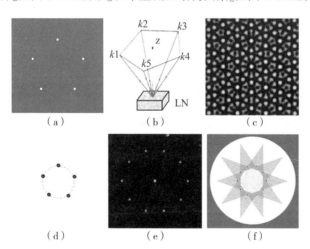

图 3-4　利用五针孔板实现五束光干涉,生成二维准晶点阵光场

(a)五针孔板的结构示意图;(b)五束平面波干涉的几何配置示意图;(c)五束平面波干涉产生光强分布的数值仿真结果;(d)图(c)中准晶结构对应的逆傅里叶变换;(e)图(c)中准晶形态结构对应的远场衍射图样;(f)图(c)中准晶结构对应的布里渊区结构图案

  光感应制备二维光折变准晶光子微结构的实验装置如图 3-5 所示。a 光路的装置主要用于多光束干涉的产生并在光折变晶体中感应出准晶折射率微结构。一台功率为 200 mW 的 Nd：YAG 固态激光器发出波长为 532 nm 的线偏振激光束,激光束经过空间滤波器和准直透镜的扩束、准直作用后,以宽平面波的形态垂直辐照在一块五针孔板上。五针孔板的每个针孔的直径均为 0.8 mm,相邻针孔之间的距离均为 12 mm。用于实现傅里叶变换的透镜位于五针孔板的后方,它与五针孔板的间距恰好等于该透镜的焦距,即五针孔板处于该透镜的前焦平面上。由前面的分析可知,在后焦平面上能够得到五束平面波干涉的光强图案。将一块尺寸为 11 mm×11 mm×3 mm,Fe 质量分数为 0.03％ 的掺铁铌酸锂晶体放置在透镜的后焦点附近,使五针孔板产生的干涉强度图案作为辐照光投射到该晶体的前表面上。由于掺铁铌酸锂晶体具有光致折射率变化特性,所以辐照光在晶体内传播时介质的折射率会受到光强的调制作用而局部发生改变,从而产生与辐照光的空间强度分布类似的折射率微结构。辐照光的偏振方向与掺铁铌酸锂晶体的 c 轴方向垂直,即 o 偏振光入射。这是由于 o 偏振的光束在晶体内传播时近似是线性,有利于形成无扭曲变形的折射率微结构。b 光路的装置作用是拍摄晶体内折射率微结构的导波强度图像和远场衍射图样,这是对晶体内光感应制作的折射率微结构进行探测和验证。一台功率为 5 mW 的氦氖激光器发出波长为 633 nm 的线偏振激光束,在经过扩束和准直后作为探测光投射到已感应出折射率微结构的晶体上。该探测光束的偏振方向与晶体的 c 轴方向平行,即 e 偏振光入射。这是由于 e 偏振的探测光束在晶体内传播时具有较高的电光系数,能够引起显著的折射率对比度。这有利于清晰地观察晶体内微结构的折射率分布情况[32-33,65]。探测光束的直径可以通过调节可变光阑的通光孔径大小来控制。当探测光以宽光束辐照时,调节晶体后面成像透镜的位置,使晶体与成像透镜之间的距离略大于成像透镜的焦距。这样后方的 CCD 相机就能在适当的位置拍摄到晶体内折射率微结构在探测光辐照下的导波强度图像。当缩小可变光阑的通光孔径时,探测光以细光束的形式照射晶体,这时在成像透镜的后焦平面上能够拍摄到晶体内折射率微结构的远场衍射图样。通过观察拍摄到的远场衍射图样可以对晶体内折射率微结构的周期性特点进行分析。c 光路的装置是用来观测晶体内折射率微结构的布里渊区光谱图像。功率为 5 mW 的氦氖激光器发出的激光束在一个旋转漫射器的作用下变成部分相干光,然后通过一个望远镜配置的透镜组后会聚到已感应出折射率微结构的晶体上。部分相干光波在晶体内传播时会携带介质中折射率微结构的相关信息,在成像透镜的傅里叶平面上能够拍摄到晶体内折射率微结构的布里渊区光谱图像。

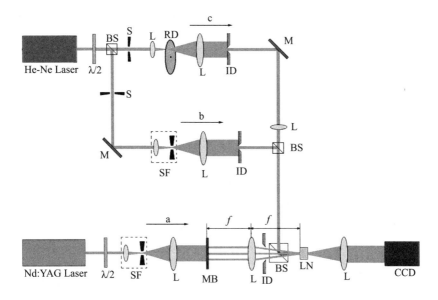

图 3-5　多针孔板法制作二维光折变准晶光子微结构的实验装置示意图

λ/2—半波片;S—快门;SF—空间滤波器;L—透镜;BS—分束器;M—反射镜;

MB—多针孔板;ID—可变光阑;RD—旋转漫射器;LN—掺铁铌酸锂晶体

光折变效应是在光辐照条件下由于介质中的载流子迁移和重新分布而引起介质的折射率局部发生改变的现象[45-46,65]。在铌酸锂晶体中掺入铁元素可以显著地提高晶体的光折变灵敏性。在适当波长的光辐照下,掺铁铌酸锂晶体中的载流子(电子和空穴)受光致电离的作用被激发至导带,又在扩散、漂移或光生伏特效应的影响下不断地迁移,并被重新俘获和再次激发,直到最后迁移到暗区被最终俘获而不再被激发。载流子的这种重组分布过程将建立起一个静态的空间电荷场,该空间电荷场在晶体内会产生 Pockels 效应,从而引起介质的折射率发生改变。这样在晶体内部就形成了折射率微结构。在上述过程中,三价铁离子 Fe^{3+} 提供空穴,二价铁离子 Fe^{2+} 提供电子,整个光折变效应的过程可以被看作是在光子的参与下二价铁离子(Fe^{2+})和三价铁离子(Fe^{3+})的转换过程:$Fe^{2+} \leftrightarrow Fe^{3+} + e$。因此,掺铁铌酸锂晶体中的折射率变化可以看作是二、三价铁离子根据光强的空间调制而重新分布的结果。

　　具体的实验结果如图 3-6 所示。图 3-6(a)是初始时刻在晶体的前表面上拍摄到的辐照光的强度分布图像,它与图 3-4(c)中五光束干涉的数值模拟结果类似,呈现出一种十次对称的准晶形态结构图案。在经过辐照光适当的照射后,掺铁铌酸锂晶体内部就会感应出相应的折射率微结构。图 3-6(b)是用宽探测光辐照时 CCD 相机拍摄的晶体内折射率微结构的导波强度图像。图中能够清晰地观察到晶体内的微结构具有十次对称的准晶分布特点。图像中的比例尺为 10 μm。调节光路 a 中晶体前可变光阑的大小和位置,可以使每个针孔产生的光束单独照射到晶体上。这样等于用不同入射方向的光束辐照晶体内的准晶折射率微结构,CCD 相机在成像透镜的傅里叶平面上可以拍摄到一系列的衍射光斑图案,如图 3-6(c)~(f)所示。这些衍射光斑图案均由五个明显的衍射光斑组成,这与五针孔板的针孔分布形状相同,类似于辐照光强度图案的傅里叶逆变换。这表明晶体内感应出的折射率微结构与辐照光具有相同的空间分布特点,即该折射率微结构是一种准晶形态的二维结构。图 3-6(g)是用细探测光辐照时在成像透镜傅里叶平面上拍摄到的晶体内折射率微结构的远场衍射图样。图中可以观察到十个明显的衍射光斑环绕在中央零级亮斑周围。该结果与图 3-4(e)中数值模拟的情况相一致,这再次证明晶体中的折射率微结构确实具有十次对称的准晶形态特征。图中的十个衍射光斑显示出不同的亮度,这是由于掺铁铌酸锂晶体的光折变非线性具有各向异性,在晶体内部不同方向上产生的光折变变化率有所不同,所以使折射率微结构的衍射光斑在不同的方向上表现出了亮度差异。

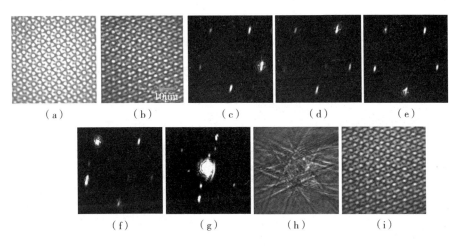

图 3-6　多针孔板法制作二维光折变准晶光子微结构的实验结果

（a）初始时刻在晶体前表面拍摄到的辐照光的光强分布图像；（b）晶体内感应出的二维准晶折射率微结构的导波强度图像；（c）～（f）多针孔板上每个针孔产生的光束单独照射准晶折射率微结构时拍摄到的衍射光斑图案；（g）晶体内二维准晶折射率微结构的远场衍射图样；（h）晶体内二维准晶折射率微结构的布里渊区光谱图像；（i）制作的二维准晶折射率微结构在暗环境下存储四星期以后的读出图像

　　布里渊区光谱分析是验证微结构折射率分布特点的一个重要方法。图3-6(h)是使用光路 c 拍摄到的晶体中折射率微结构的布里渊区光谱图案。这与图 3-4(f)中通过仿真得出的二维十次对称准晶结构的布里渊区结构图案类似。相比布里渊区的仿真模拟图，两者唯一的差别在于实验拍摄的图像中沿着晶体 c 轴的竖直方向上两条暗线消失，这使微结构的布里渊区形状由仿真图中的十个锐角变成了六个锐角。出现这样的情况同样是由于掺铁铌酸锂晶体各向异性的光折变特性引起的折射率变化差异。布里渊区光谱图像又一次证明了晶体内的折射率微结构是呈二维准晶形态分布的，因此晶体内制作的结构是二维准晶微结构。

　　由于掺铁铌酸锂晶体的暗电导率非常低，所以晶体内感应的折射率微结构可以在暗环境中存在很长一段时间。如图 3-6(i)所示，这是在暗环境下放置四星期以后的情况。如果进行热固化处理，感应的折射率微结构可以长久地固定在掺铁铌酸锂晶体内。此外,晶体中的折射率微结构还可以通过白光辐照和加热的方式进行擦除,这样在晶体中可以制作出新的折射率微结构。

通过改变多针孔板上针孔到透镜光轴的距离可以控制制作的二维准晶折射率微结构的周期尺度大小。还可以改变针孔的数目和分布特点从而在晶体内制作更复杂的二维光折变光子微结构。图 3-7 中列举了两种针孔布置方案,利用这样的多针孔板能够制作出具有更高旋转对称性的二维光折变准晶微结构。

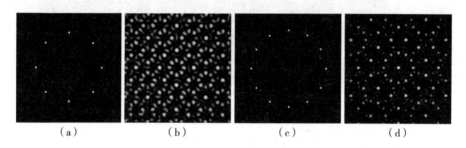

| (a) | (b) | (c) | (d) |

图 3-7　利用多针孔板制作具有更高旋转对称性准晶微结构的数值模拟图

(a)八针孔板;(b)八光束干涉产生二维八次对称准晶结构光强图案的数值模拟图;(c)十二针孔板;(d)十二束光干涉产生二维十二次对称准晶结构光强图案的数值模拟图

3.4　三维光折变准晶光子微结构的制备与表征

三维光子微结构是介质折射率分布在三个维度上均被调制的微结构材料,相比于二维光子微结构它能够在空间的所有方向上对光波的传播行为进行调控,因此三维光子微结构具有更广阔的应用前景。然而,三维光子微结构的加工制备要比二维微结构困难得多。前文提到的一系列传统的微结构加工技术很多都难以对三维光子微结构进行有效的制备。已有研究表明,使用若干个平面波干涉可以产生多种光强呈三维点阵分布的干涉光场[42-43,66]。这对利用光感应技术制作三维光折变光子微结构是非常有帮助的。

$(n+1)$束平面波干涉可以产生空间光强分布呈现三维点阵形态的复杂干涉光场。$(n+1)$束平面波干涉的光束配置为中央光束周围以一定倾角环

绕着 n 个侧光束,每个侧光束与中心光束的夹角均相等,相邻侧光束之间的夹角也两两相等,这构成了一种伞形配置。其中 $(n+1)$ 束平面波干涉的光强空间分布由下式给出:

$$I(r) = \sum_{j=1}^{n+1} |E_1|^2 + \sum_{i \neq j}^{n+1} E_i \cdot E_j \exp[i(k_i - k_j) \cdot r + i(\varphi_i - \varphi_j)] \quad (3.4)$$

这里 $E_i(E_j)$,$k_i(k_j)$,r 和 $\varphi_i(\varphi_j)$ 分别代表了发生干涉光束的复振幅、波矢、位置矢量和初始相位。当环绕的侧光束的波矢具有共面关系(以中心光束波矢方向为 $+z$ 轴时,侧光束波矢在 $x\text{-}y$ 平面上的投影处在同一个圆上),即满足表达式:

$$k_m = k\left[\cos\frac{2\pi(m-1)}{n}\sin\theta_i, \sin\frac{2\pi(m-1)}{n}, \cos\theta_i\right] \quad (3.5)$$

式中 $1 \leqslant m \leqslant n$,$k = 2\pi n_r/\lambda$,$n_r$ 为感光介质的折射率,λ 为光波的波长。在这种情况下,中心光束与侧向环绕的 n 个侧光束干涉可以产生一系列空间强度分布具有三维轴向对称特点的干涉光场。通过改变中心光束和侧光束之间的夹角可以控制干涉光场的周期尺度。不同的 n 值对应着不同的三维空间强度分布类型。比较特殊的是,当 $n=3,4,6$ 时,$(n+1)$ 束平面波干涉得到的是空间强度分布为三维周期性结构的干涉光场。而当 $n=5$,或者 n 是大于等于 7 的整数时,$(n+1)$ 束平面波干涉可获得三维轴向准晶形态分布的干涉光场。中心光束的作用是使干涉光场在沿着 z 轴的纵向上产生强度调制。如果没有中心光束的存在,只有 n 个具有共面波矢的侧光束发生干涉,那么产生的干涉光场其强度分布在沿着 z 轴的纵向上将不发生变化。这就变成了上一节内容中制作二维准晶光子微结构所用的二维准周期干涉光场的情况。因此,中心光束的存在是干涉光场空间强度分布呈现三维形态的必要条件。

　　多针孔板易于加工、针孔可灵活设定的特点为实验中实现"中心光束＋侧光束"的组合配置提供了很大的便利。只要在加工多针孔板时保证各个针孔分布的几何形状和比例关系准确无误,就能实现满足要求的 $(n+1)$ 束平面波干涉。当 n 个针孔在平板上组成一个正 n 边形的几何配置,这 n 个针孔均位于该正 n 边形的外接圆上。此外接圆的圆心就是该正 n 边形的中心。

只要保证这个中心恰好处在透镜系统的光轴上,那么每个针孔到光轴的距离就都是相等的。由上一节的分析可知,在经过透镜傅里叶变换后,这 n 个针孔产生的平面波束光强相等,并且与系统光轴具有相同大小的夹角,即这些平面波的波矢满足共面关系。这就构成了 $(n+1)$ 束平面波干涉中的 n 个侧光束。然后,在平板上正 n 边形的中心位置开一个同样大小的针孔,这个针孔发出的光束经过透镜的傅里叶变换后也会变为一束平面波。并且由于中心针孔位于系统的光轴上,所以该针孔发出的光束在经过透镜后其传播方向不会发生变化,始终沿着系统光轴的方向(即 $+z$ 轴)传播。这就正好起到了 $(n+1)$ 束平面波干涉配置里中心光束的作用。由于 n 个针孔组成的是正多边形,相邻针孔之间距离两两相等,所以产生的 n 个平面波同样满足相邻光束之间夹角两两相等的条件。这样 n 个针孔产生的 n 个光束就和中心针孔产生的光束构成了一个伞形配置。在单色平面波均匀辐照下,只要保证平板上的所有针孔几何尺寸都相等,就能使每个针孔产生的光束具有相同强度大小。这样使用一块具有 $(n+1)$ 个针孔的多针孔板就能够简便地实现 $(n+1)$ 束平面波的复杂干涉。因此,多针孔板和透镜傅里叶变换结合的方法可以扩展用于制作三维的光折变准晶光子微结构。

根据上述原理,我们使用六针孔板来产生 $(5+1)$ 束平面波干涉,所产生的三维复杂干涉光场能用于制备三维的轴向准晶光子微结构。六针孔板的示意图如图 3-8(a)所示,六个针孔具有相同的孔径,均为 $0.7~\text{mm}$。其中五个针孔组成了一个正五边形结构,还有一个针孔位于正五边形的中心。相邻两针孔之间的距离为 $14~\text{mm}$。$(5+1)$ 束平面波干涉的光束几何配置为伞状布局,一个中心光束周围均匀环绕着五个等倾角的侧光束,如图 3-8(b)所示。中心光束和侧光束之间的夹角可以通过改变多针孔板上针孔的距离以及透镜的焦距长度来灵活地设定。设中心光束的波矢方向为 $+z$ 轴,$(5+1)$ 束平面波干涉光强空间分布的数值模拟结果如图 3-8(c)所示。由仿真结果可知,$(5+1)$ 束平面波干涉产生的是一种复杂的三维干涉光场。该干涉光场在 x-y 平面内的干涉光强分布呈现出十次对称的准晶形态,而在 x-z 平面内沿着中心光束传播的方向上干涉光强分布则表现出周期性特点。因此该干涉光场的空间强度分布是一种三维的轴向准晶形态。这意味着用(5＋1)束平面波干涉作为辐照光,将能够在光折变晶体内感应出与图 3-8(c)中数值模拟结果类似的三维折射率微结构。这从仿真的角度预测了利用(5＋1)束平面波干涉在掺铁铌酸锂晶体中制作三维轴向准晶微结构的可行性。

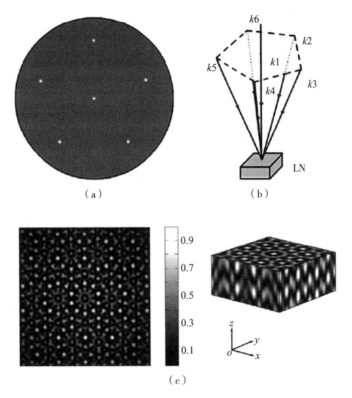

图 3-8　利用六针孔板实现(5＋1)束光干涉,生成三维准晶点阵光场

(a)六针孔板的结构示意图;(b)(5＋1)束平面波干涉的几何配置示意图;

(c)(5＋1)束平面波干涉产生的空间光强分布的数值模拟图

用六针孔板制作三维光折变准晶光子微结构的实验装置如图 3-9 所示。在光路 a 中,一台 200 mW 的 Nd:YAG 固态激光器发出波长为 532 nm 的线偏振激光束。激光束经过扩束和准直后,均匀地辐照在六针孔板上。六针孔板的位置与准直透镜非常接近,两者固定在同一个底座上,这避免了两装置之间的机械不稳定性。六针孔板位于一个透镜的前焦平面上,这样正好满足了透镜实现二维傅里叶变换的条件。由透镜傅里叶变换的性质可知，在透镜的后焦平面附近可以获得（5＋1）束平面波干涉产生的复杂干涉光场。将一块掺铁铌酸锂晶体放置在透镜的后焦平面附近，使（5＋1）束平面波产生的干涉强度图案作为辐照光投射到晶体的前表面上。辐照光的偏振方向与晶体的c轴方向垂直，即o偏振光。辐照光在晶体内传播时，光波强度的空间不均匀性会对光折变介质的折射率分布产生调制，从而感应出与辐照光空间强度分布类似的折射率微结构。在这里我们使用的掺铁铌酸锂晶体尺寸为 11 mm×11 mm×3 mm，其 Fe 的质量分数为 0.03%。光路 b 是用来探测掺铁铌酸锂晶体中感应出的三维准晶光子微结构的导波强度图像。一台功率5 mW的氦氖激光器发出波长为 633 nm 的线偏振光，经过扩束、准直后作为平面探测光束照射晶体。该探测光束的偏振方向与掺铁铌酸锂晶体的 c 轴方向平行，即 e 偏振光。成像透镜后面的 CCD 相机能够拍摄到晶体内制作的准晶折射率微结构的导波强度图像。

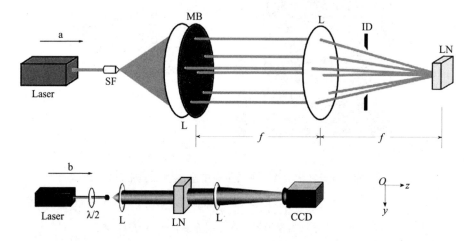

图 3-9　六针孔板制作三维光折变准晶光子微结构的实验装置示意图

SF—空间滤波器；L—透镜；MB—六针孔板；

ID—可变光阑；λ/2—半波片；LN—掺铁铌酸锂晶体

在掺铁铌酸锂晶体中光感应制作三维准晶光子微结构的典型实验结果如图 3-10 所示。图 3-10(a)是初始时刻在晶体的前表面（即 x-y 平面内）上拍摄到的(5+1)束平面波干涉的空间光强分布图像,这与图 3-8(c)中数值模拟的结果相吻合。图 3-10(b)显示了晶体内制作出的三维准晶微结构在探测光照射下的导波强度图像。在 x-y 和 y-z 两个平面上均能够清晰地观察到受光感应调制的折射率微结构。在 x-y 平面内,光感应的折射率微结构呈现出十次对称的准周期形态,这与图 3-10(a)中辐照光的空间强度分布相似。在 y-z 平面内,光感应的折射率结构呈现出交错的周期性分布,与图 3-8(c)中的数值仿真结果相同,这说明仿真模拟预测和实际实验结果相符合。这证实了晶体中制作的折射率结构是三维轴向准晶微结构。图中的比例尺均为 9 μm。

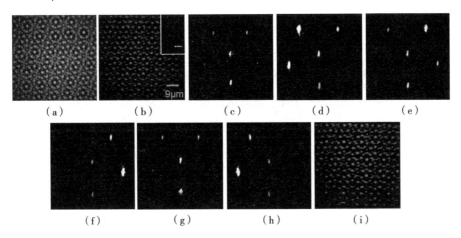

图 3-10　利用(5+1)束光干涉在掺铁铌酸锂晶体中制作三维准晶光子微结构的实验结果
(a)初始时刻在晶体前表面(x-y 平面)拍摄到的辐照光的光强分布图像;(b)晶体内感应出的三维准晶微结构的图像。右上角的插图是微结构在纵向上(y-z 平面)的图像;(c)~(h)多针孔板上每个针孔产生的光束单独照射三维准晶微结构时拍摄到的衍射光斑图案;(i)制作的三维准晶微结构在暗环境中存储四星期以后的读出图像

在不同入射光的照射下,观测折射率微结构的远场衍射图样是分析晶体中微结构折射率分布特点的另一种实验手段。在图 3-9 的光路 a 中,调节掺铁铌酸锂晶体前面的可变光阑,使(5+1)束平面波中的每一个光束分别单独照射已感应出折射率微结构的晶体。这样折射率微结构就分别被来自不同入射方向的六束平面波照射。在成像透镜的后焦面上能够拍摄到不同

探测光辐照下折射率微结构的各种远场衍射图样,如图 3-10(c)～(h)所示。观察这些远场衍射图样可以发现,它们均是由六个明显的衍射光斑构成的,只是由于探测光束的入射角度不同而使衍射光斑的强度分布出现一些差异。这些光斑的几何图案构成是完全一样的,都和六针孔板的针孔分布情况类似[如图 3-8(a)]。根据傅里叶变换关系可知,晶体内感应的折射率微结构与(5+1)束平面波干涉产生的空间强度分布具有相同的空间频谱成分,即感应的折射率微结构也是呈三维轴向准晶态分布的。因此,远场衍射图样再一次证明掺铁铌酸锂晶体中制作出了三维轴向准晶微结构。图 3-10(i)是晶体中制作的准晶微结构在暗环境下放置四个星期以后的情况,可以发现制作的折射率微结构仍然相当清晰。

通过调节多针孔板上针孔的间距以及改变透镜的焦距可以很容易地控制制作的三维轴向准晶微结构的周期尺度特性。改变多针孔板的针孔数目,使(n+1)光束组合中的侧光束数目增加,还能够制作更加复杂的三维准晶微结构。例如,用带有十三个针孔的多针孔板来产生(12+1)束平面波干涉,可以制作出具有更高旋转对称性的三维轴向准晶微结构。

3.5　本章小结

综合以上内容,我们用多针孔板结合透镜傅里叶变换的方法,非常简便地实现了多束平面波的复杂干涉。进而用光感应的方式在掺铁铌酸锂晶体中制作出了折射率调制呈现二维十次对称准晶分布和三维轴向准晶分布的光折变光子微结构。该实验方法的装置非常简单和灵活,不需要复杂的精密调节系统以及专门的减振设备,成本低廉,易于实现。使用导波强度图像、远场衍射图样和布里渊区光谱成像等实验手段对晶体内感应出的二维和三维准晶微结构进行了验证和分析。制作的准晶折射率微结构具有较长的暗存储时间,能够在晶体内较长时间稳定存在。该实验方法还可以灵活地扩展,通过设计不同的多针孔板可以制作出更复杂的二维和三维光折变准晶光子微结构。这为探索准晶形态微结构中的非线性光学现象提供了一个易于实现的物质平台,有利于促进以准晶光子微结构为基础的新型光子器件的研究开发。

参 考 文 献

[1] Ricciardi A,Pisco M,Cutolo A,et al. Evidence of guided resonances in photonic quasicrystal slabs[J]. Physical Review B,2011,84(8):085135.

[2] Vardeny Z V,Nahata A,Agrawal A. Optics of photonic quasicrystals [J]. Nature Photonics,2013,7(3):177-187.

[3] Boriskina S V. Quasicrystals:Making invisible materials[J]. Nature Photonics,2015,9(7):422-424.

[4] Levine D,Steinhardt P J. Quasicrystals:a new class of ordered structures[J]. Physical Review Letters,1984,53(26):2477-2480.

[5] Ishimasa T,Nissen H U,Fukano Y. New ordered state between crystalline and amorphous in Ni-Cr particles[J]. Physical Review Letters, 1985,55(5):511-513.

[6] Janot C. Quasicrystals:A Primer[M]. New York:Oxford University Press,Inc. ,1994.

[7] Bindi L,Yao N,Lin C,et al. Natural quasicrystal with decagonal symmetry[J]. Scientific Reports,2015,5:9111.

[8] Ferrando V,Coves A,Andres P,et al. Guiding Properties of a Photonic Quasi-Crystal Fiber Based on the Thue-Morse Sequence[J]. Photonics Technology Letters,IEEE,2015,27(18):1903-1906.

[9] Verbin M,Zilberberg O,Lahini Y,et al. Topological pumping over a

photonic Fibonacci quasicrystal[J]. Physical Review B,2015,91(6): 064201.

[10] Zhang X,Zhang Z Q,Chan C T. Absolute photonic band gaps in 12-fold symmetric photonic quasicrystals[J]. Physical Review B,2001,63 (8):081105.

[11] Della Villa A,Enoch S,Tayeb G,et al. Band gap formation and multiple scattering in photonic quasicrystals with a Penrose-type lattice[J]. Physical Review Letters,2005,94(18):183903.

[12] Zoorob M E,Charlton M D B,Parker G J,et al. Complete photonic bandgaps in 12-fold symmetric quasicrystals[J]. Nature, 2000, 404 (6779):740-743.

[13] Feng Z,Zhang X,Wang Y,et al. Negative refraction and imaging using 12-fold-symmetry quasicrystals[J]. Physical Review Letters,2005,94 (24):247402.

[14] Kaliteevski M A,Brand S,Abram R A,et al. Diffraction and transmission of light in low-refractive index Penrose-tiled photonic quasicrystals[J]. Journal of Physics:Condensed Matter,2001,13(46):10459.

[15] Dong J W,Chang M L,Huang X Q,et al. Conical Dispersion and Effective Zero Refractive Index in Photonic Quasicrystals[J]. Physical Review Letters,2015,114(16):163901.

[16] Liu J,Liu E,Fan Z,et al. Dielectric refractive index dependence of the focusing properties of a dielectric-cylinder-type decagonal photonic quasicrystal flat lens and its photon localization[J]. Applied Physics Express,2015,8(11):112003.

[17] Zhang P,Efremidis N K,Miller A,et al. Reconfigurable 3D photonic lattices by optical induction for optical control of beam propagation [J]. Applied Physics B,2011,104(3):553-560.

［18］Chen Z,Segev M,Christodoulides D N. Optical spatial solitons:historical overview and recent advances[J]. Reports on Progress in Physics,2012,75(8):086401.

［19］Cao Z,Qi X,Feng X,et al. Light controlling in transverse separation modulated photonic lattices[J]. Optics Express,2012,20(17):19119-19124.

［20］Chen F. Micro- and submicrometric waveguiding structures in optical crystals produced by ion beams for photonic applications[J]. Laser & Photonics Reviews,2012,6(5):622-640.

［21］Diebel F,Leykam D,Boguslawski M,et al. All-optical switching in optically induced nonlinear waveguide couplers[J]. Applied Physics Letters,2014,104(26):261111.

［22］Lifshitz R,Arie A,Bahabad A. Photonic quasicrystals for nonlinear optical frequency conversion[J]. Physical Review Letters,2005,95(13):133901.

［23］Rechtsman M C,Jeong H C,Chaikin P M,et al. Optimized structures for photonic quasicrystals[J]. Physical Review Letters,2008,101(7):073902.

［24］Dyachenko P N,Pavelyev V S,Soifer V A. Graded photonic quasicrystals[J]. Optics Letters,2012,37(12):2178-2180.

［25］Liu J,Fan Z,Hu H,et al. Wavelength dependence of focusing properties of two-dimensional photonic quasicrystal flat lens[J]. Optics Letters,2012,37(10):1730-1732.

［26］Ferrando V,Coves A,Andres P,et al. Guiding Properties of a Photonic Quasi-Crystal Fiber Based on the Thue-Morse Sequence[J]. Photonics Technology Letters,IEEE,2015,27(18):1903-1906.

［27］Dong W,Bongard H J,Marlow F. New type of inverse opals:titania with skeleton structure[J]. Chemistry of Materials,2003,15(2):568-574.

[28] Fan S,Villeneuve P R,Meade R D,et al. Design of three-dimensional photonic crystals at submicron lengthscales[J]. Applied Physics Letters,1994,65(11):1466-1468.

[29] Xu Y,Sun H B,Ye J Y,et al. Fabrication and direct transmission measurement of high-aspect-ratio two-dimensional silicon-based photonic crystal chips[J]. JOSA B,2001,18(8):1084-1091.

[30] Deubel M,Von Freymann G,Wegener M,et al. Direct laser writing of three-dimensional photonic-crystal templates for telecommunications [J]. Nature Materials,2004,3(7):444-447.

[31] Maruo S,Nakamura O,Kawata S. Three-dimensional microfabrication with two-photon-absorbed photopolymerization [J]. Optics Letters, 1997,22(2):132-134.

[32] Fleischer J W,Carmon T,Segev M,et al. Observation of discrete solitons in optically induced real time waveguide arrays[J]. Physical Review Letters,2003,90(2):023902.

[33] Fleischer J W,Segev M,Efremidis N K,et al. Observation of two-dimensional discrete solitons in optically induced nonlinear photonic lattices[J]. Nature,2003,422(6928):147-150.

[34] Jin W,Gao Y,Liu M. Fabrication of large area two-dimensional nonlinear photonic lattices using improved Michelson interferometer[J]. Optics Communications,2013,289:140-143.

[35] Zhang P,Egger R,Chen Z. Optical induction of three-dimensional photonic lattices and enhancement of discrete diffraction[J]. Optics Express,2009,17(15):13151-13156.

[36] Pertsch T,Zentgraf T,Peschel U,et al. Anomalous refraction and diffraction in discrete optical systems[J]. Physical Review Letters,2002,

88(9):093901.

[37] Eisenberg H S,Silberberg Y,Morandotti R,et al. Diffraction manage-
ment[J]. Physical Review Letters,2000,85(9):1863-1866.

[38] Lederer F,Silberberg Y. Discrete solitons[J]. Optics and Photonics
News,2002,13(2):48-53.

[39] Lederer F,Stegeman G I,Christodoulides D N,et al. Discrete solitons
in optics[J]. Physics Reports,2008,463(1):1-126.

[40] Terhalle B,Desyatnikov A S,Bersch C,et al. Anisotropic photonic lat-
tices and discrete solitons in photorefractive media[J]. Applied Phys-
ics B,2007,86(3):399-405.

[41] Terhalle B,Richter T,Desyatnikov A S,et al. Observation of mul-
tivortex solitons in photonic lattices[J]. Physical Review Letters,
2008,101(1):013903.

[42] Becker J,Xavier J,Boguslawski M,et al. Optically induced three-di-
mensional photonic lattices and quasi-crystallographic structures[C].
SPIE Photonics Europe. International Society for Optics and Photon-
ics,2010:77123A-6.

[43] Xavier J,Rose P,Terhalle B,et al. Three-dimensional optically induced
reconfigurable photorefractive nonlinear photonic lattices[J]. Optics
Letters,2009,34(17):2625-2627.

[44] Zhang P,Efremidis N K,Miller A,et al. Observation of coherent de-
struction of tunneling and unusual beam dynamics due to negative
coupling in three-dimensional photonic lattices[J]. Optics Letters,
2010,35(19):3252-3254.

[45] 孔勇发,许京军,张光寅,等. 多功能光电材料:铌酸锂晶体[M]. 北京:
科学出版社,2005.

[46] 杨春晖,孙亮,冷雪松,等. 光折变非线性光学材料:铌酸锂晶体[M]. 北

京：科学出版社，2009.

[47] Chen F S. Optically induced change of refractive indices in LiNbO$_3$ and LiTaO$_3$[J]. Journal of Applied Physics,1969,40(8):3389-3396.

[48] Weis R S,Gaylord T K. Lithium niobate:summary of physical properties and crystal structure[J]. Applied Physics A,1985,37(4):191-203.

[49] Song T,Liu S M,Guo R,et al. Observation of composite gap solitons in optically induced nonlinear lattices in LiNbO$_3$:Fe crystal[J]. Optics Express,2006,14(5):1924-1932.

[50] Qi X,Liu S,Guo R,et al. Defect solitons in optically induced one-dimensional photonic lattices in LiNbO$_3$:Fe crystal[J]. Optics Communications,2007,272(2):387-390.

[51] Jin W,Gao Y. Optically induced three-dimensional nonlinear photonic lattices in LiNbO$_3$:Fe crystal[J]. Optical Materials,2011,34(1):143-146.

[52] Staebler D L,Burke W J,Phillips W,et al. Multiple storage and erasure of fixed holograms in Fe-doped LiNbO$_3$[J]. Applied Physics Letters,1975,26(4):182-184.

[53] Vormann H,Weber G,Kapphan S,et al. Hydrogen as origin of thermal fixing in LiNbO$_3$:Fe[J]. Solid State Communications,1981,40(5):543-545.

[54] Buse K,Adibi A,Psaltis D. Non-volatile holographic storage in doubly doped lithium niobate crystals[J]. Nature,1998,393(6686):665-668.

[55] Imbrock J,Kip D,Krätzig E. Nonvolatile holographic storage in iron-doped lithium tantalate with continuous-wave laser light[J]. Optics Letters,1999,24(18):1302-1304.

[56] Neshev D N,Sukhorukov A A,Krolikowski W,et al. Nonlinear optics and light localization in periodic photonic lattices[J]. Journal of Nonlinear Optical Physics & Materials,2007,16(01):1-25.

[57] Matoba O,Ichioka Y,Itoh K. Array of photorefractive waveguides for massively parallel optical interconnections in lithium niobate[J]. Optics Letters,1996,21(2):122-124.

[58] Xiong P,Jia T,Jia X,et al. Ultraviolet luminescence enhancement of ZnO two-dimensional periodic nanostructures fabricated by the interference of three femtosecond laser beams[J]. New Journal of Physics,2011,13(2):023044.

[59] Kondo T,Matsuo S,Juodkazis S,et al. Femtosecond laser interference technique with diffractive beam splitter for fabrication of three-dimensional photonic crystals[J]. Applied Physics Letters,2001,79(6):725-727.

[60] Zito G,Piccirillo B,Santamato E,et al. Two-dimensional photonic quasicrystals by single beam computer-generated holography[J]. Optics Express,2008,16(8):5164-5170.

[61] Goodman J W. Introduction to Fourier optics[M]. Roberts and Company Publishers,2005.

[62] Goodman. 傅里叶光学导论[M]. 第三版. 秦克诚,等译. 北京:电子工业出版社,2006.

[63] 梁铨廷. 物理光学[M]. 第三版. 北京:电子工业出版社,2008.

[64] Voelz D G. Computational fourier optics:a MATLAB tutorial[M]. Bellingham,Wash,USA:Spie Press,2011.

[65] 刘思敏,郭儒,许京军. 光折变非线性光学及其应用[M]. 北京:科学出版社,2004.

[66] Stay J L. Multi-beam-interference-based methodology for the fabrication of photonic crystal structures[D]. Georgia Institute of Technology,2009.

第4章　大面积二维光折变光子微结构的制备与表征

　　光子微结构在光通信与光网络、光计算、集成光学等领域有着良好的应用前景,并且已经取得了一些振奋人心的成果[1-5]。大面积光子微结构的制备对推动光子微结构的实用化、产业化具有重要的意义。然而当前制备光子微结构的常用方法(如:半导体精密加工、电子束光刻、激光直写技术以及反蛋白石法等),大部分都存在设备复杂、工艺烦琐、成本昂贵、生产效率较低的缺点[6-9]。这些制备技术上存在的问题限制了光子微结构实用化的进一步推广。如何提高光子微结构的制备效率,高效地制作出大面积的光子微结构是一个非常有价值的研究内容[10-12]。光感应技术制备光子微结构时,光折变介质中产生的光子微结构面积是由辐照光照射光折变材料的辐照面积决定的[13-15]。也就是说,辐照光在光折变材料上的辐照面积越大,介质中感应出的折射率微结构面积也就越大。因此,使用若干具有较宽直径的相干光束发生干涉能得到大面积的干涉光场,以此作为辐照光照射光折变材料,就可以在介质内感应出具有较大面积的光折变光子微结构。然而,在实际条件下使多个宽直径平面波发生大面积干涉并不是一件容易实现的事情。当干涉光束数目较少时,比如两束宽平面波干涉,可以通过搭建干涉仪的方式来实施[16-17]。而对于更多数目宽光束发生干涉的情况,采用搭建多级干涉仪的方式会导致系统的稳定性急剧变差,且装置非常复杂,难以调节,光路损耗大。一般来说,三束以上的宽光束干涉使用传统的干涉方法是较难实现的[18-20]。因此,如何产生多个宽直径平面波的干涉成了制作大面积光折变光子微结构的一个技术瓶颈。如果能够用简单的方法或较少的器件来实现多个宽直径平面波的干涉,那么大面积光子微结构的制备的难度就会大大降低。在这部分内容中,我们对宽直径多光束干涉的产生途径进行了深入的分析和研究。提出了两种不同的实验方法,先后在掺铁铌酸锂晶体中制备出了多种大面积的二维光折变光子微结构。两种实验方案都比较易于实现,大大提高了光折变光子微结构的制作效率。这在促进光子微结构的实用化和产业化方面具有积极的意义。

4.1　多透镜板法制备大面积二维光折变光子微结构

在上一章的内容中,我们使用多针孔板和透镜傅里叶变换作用相结合的方法实现了多个相干光束的复杂干涉。该方法的装置非常简单廉价,能够灵活地制作出多种复杂的准晶微结构。但是该方法同样存在一些不足,由于相干点光源的产生是通过光辐照的针孔来实现的,而针孔的通光孔径非常小。这一特点决定了多针孔板的通光效率很低,大部分辐照在多针孔板上的光波能量都被平板阻挡而不能传播。透过针孔继续传播的光波光强比较低,在经过透镜的傅里叶变换后只能形成直径大小与针孔通光孔径相似的平面波。这样得到的是一系列很细的平行光束。因此,多针孔板和透镜傅里叶变换结合的方法只能产生直径较小的多光束干涉,这导致多束光发生干涉的区域面积也非常小,受此影响制作的光折变光子微结构的面积也会比较小。因此,该方法是以降低多光束干涉的面积为代价来提高多光束干涉的光束数目和灵活性的,这必然引起制作效率的降低,不利于光折变光子微结构的大批量生产。

4.1.1　多透镜板法的基本原理

为了克服多针孔板光能量利用率低、制作光子微结构效率不高的缺点,我们采用多透镜板来代替多针孔板。多透镜板可以看作是多针孔板原理的延伸和扩展。它是用一系列具有相同直径的小透镜来代替多针孔板上的针孔，即多透镜板是一块镶嵌着若干小透镜的平板。由于小透镜的通光孔径大于针孔的直径，所以多透镜板的通光效率与多针孔板相比有了很大的提高。多透镜板的制作方法也非常简单。为了便于加工，可用硬纸板作为平板的材料。先在硬纸板上加工出若干圆孔，保证这些圆孔的直径与小透镜的直径 a 完全相同。然后再把小透镜逐一镶嵌在这些圆孔里，并保证这些小透镜相互之间共面且与硬纸板的平面平行。当这些小透镜具有相同的焦距时，它们的焦平面会发生重叠，即这些小透镜具有共同的焦平面 P，如图 4-1 所示。当一束单色平面波垂直均匀辐照在多透镜板时，平板上每个镶嵌小透镜的部分都会有光波透过。由于这些小透镜具有相等的焦距 f_a，所以每个透过小透镜传播的光束都会汇聚到焦平面 P 上，这样在 P 平面内就产生了一系列与多透镜板上的小透镜几何分布相同的点光源。在多透镜板后面适当的距离处放置一块焦距为 f_L 的透镜 L，使透镜 L 的前焦平面与多透镜板的焦平面 P 重合。这样多透镜板产生的一系列点光源就处在透镜 L 的前焦平面上，这正好满足透镜实现二维傅里叶变换的条件。相比于多针孔产生的点光源，P 平面内的点光源具有较高的输出强度和更大的发散角，所以每个点光源发出的球面波在经过透镜 L 的变换作用后，都变成了具有较宽直径的平面波。这些平面波的直径 d 由表达式 $d=(f_L/f_a)a$ 决定，其中 a、f_a、f_L 分别是小透镜的直径、小透镜的焦距、透镜 L 的焦距。由该式可知当小透镜的孔径 a 已定时，透镜 L 与小透镜焦距的比值决定了生成平面波的直径宽度。这就很容易通过选用不同焦距的透镜来实现不同的波束宽度。特殊的，当 $f_a = f_L$ 时，产生的平面波直径和小透镜的孔径相同。这些宽直径的平面波在透镜 L 的后焦点附近叠加并产生干涉。一个镶嵌有 m 个小透镜的多透镜板，就能够在透镜 L 的后焦平面附近产生 m 个宽直径平面波的干涉，获得较大面积的干涉光场。将该大面积干涉光场作为辐照光照射光折变材料，就能在介质中感应出具有较大面积的光折变光子微结构。

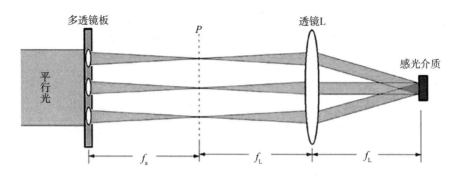

图 4-1　多透镜板产生宽直径多光束干涉的原理示意图

与前面的多针孔板相比,多透镜板的通光效率和制作效率都有了很大的提高。这里以产生三束平面波干涉为例,对两种方法进行分析和比较。图 4-2 是三针孔板和三透镜板的结构示意图,两者均由同样宽度的均匀光波垂直辐照,深色部分表示入射光波能够通过平板继续传播的区域,而灰色则代表入射光波被平板阻挡的区域。针孔和小透镜的直径分别为 $d_1 = 0.8$ mm 和 $d_2 = 6$ mm,入射光束的半径为 $R = 15$ mm。为了便于示意,图中的针孔和小透镜的孔径并未严格按照实际的比例来绘制。利用上述数据可以计算出,入射光束在三针孔板和三透镜板上的辐照面积均为 $D = \pi \times (15 \text{ mm})^2 = 706.86 \text{ mm}^2$。三针孔板上光波能够透过的区域面积为 $A = 3 \times \pi \times (0.4 \text{ mm})^2 = 1.51 \text{ mm}^2$。由于入射光是均匀辐照,所以三针孔板的通光效率是 0.214%。显然这是一个非常低的水平,大部分光能被阻挡而浪费掉,只有极少量的光能量参与了实际的干涉过程。而在三透镜板中,能透过光的区域面积为 $B = 3 \times \pi \times (3 \text{ mm})^2 = 84.82 \text{ mm}^2$,考虑到光波在透镜前后表面存在反射损失(在空气与玻璃的界面上光波的反射率约为 4%),可得三透镜板的通光效率是 11.058%,系统的通光效率得到了很大的提高。由此可见,在同样的光辐照条件下,使用多透镜板时的光能量利用率比使用多针孔板提高了 50 倍以上。

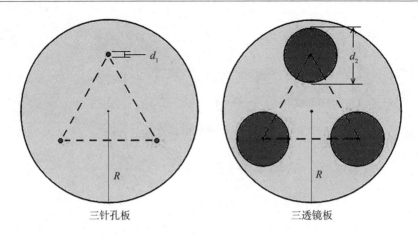

三针孔板　　　　　　　　　三透镜板

图 4-2　三针孔板与三透镜板的结构对比示意图

深色区域表示光波能够通过的部分,灰色区域表示阻挡光的部分;

$$R=15 \text{ mm}, d_1=0.8 \text{ mm}, d_2=6 \text{ mm}$$

此外,光子微结构的制备面积与多光束干涉产生的干涉区域面积有着直接的联系。在使用三针孔板时,针孔产生的光束很细,因此发生干涉的区域面积也非常小。这导致晶体中制作出的光子微结构面积与多针孔板上针孔的面积相接近,其典型值为 0.25 mm^2,这显然是一个很低的制备效率,大大限制了它的应用范围。而使用三透镜板时,小透镜通过会聚光束来产生点光源,这使得生成的平面波都具有较宽的直径,从而极大地提高了干涉区域的面积。当小透镜的焦距与透镜 L 相等时,参与干涉的每个平面波的直径都和小透镜的直径相等,产生的多光束干涉区域的面积可以达到 28.0 mm^2 以上,相比于三针孔板产生的干涉面积提高了 100 倍以上。这很容易实现大面积光子微结构的制作,显著地提高了制备效率。这对光折变光子微结构的大批量生产具有非常积极的意义。

多透镜板的装置比较简单,不需要搭建复杂烦琐的调节光路。系统稳定性强,抗震效果好,无须昂贵的专门设备,制作成本很低。装置灵活性强,扩展性好。通过改变多透镜板上小透镜之间的距离,可以改变各宽直径平面波之间的夹角,从而调整辐照光强度图案的周期尺度,制作具有不同周期大小的大面积光子微结构。合理设置多透镜板上小透镜的数目和几何配置,还能够实现不同数目和不同夹角的宽直径多光束干涉,产生各种周期性和准周期性的干涉图案,从而在光折变材料中制作出多种多样的大面积光子微结构。此外,多透镜板还能够应用到光折变介质以外的其他感光材料上(如光刻胶、照相底片、全息干板等)[21-24],制作出其他基质类型的大面积光子微结构。

4.1.2　大面积二维三角晶格光子微结构的制备与表征

在实验中我们使用一个三透镜板产生大面积的三光束干涉,以此在掺铁铌酸锂晶体中制作出大面积的二维三角晶格光子微结构。数值模拟的三光束干涉的光强分布图案如图 4-3(a)所示,这是一种二维三角晶格结构。图 4-3(b)和(c)分别是对二维三角晶格结构的远场衍射图样和布里渊区光谱进行数值模拟的效果图。这是从仿真的角度对实验制备的结果进行预测。

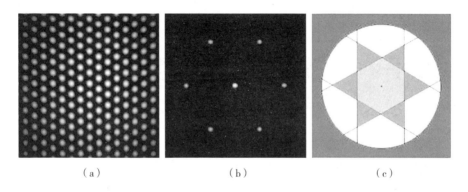

|　　(a)　　|　　(b)　　|　　(c)　　|

图 4-3　利用三光束干涉实现二维三角晶格结构

(a)三光束干涉光强图案的数值模拟图;(b)二维三角晶格结构对应的远场衍射图样的数值模拟图;(c)二维三角晶格结构对应的布里渊区结构图案

多透镜板法制备大面积二维光折变光子微结构的实验装置如图 4-4 所示。在 a 光路中,200 mW 的 Nd:YAG 固态激光器发出波长为 532 nm 的线偏振激光束。多透镜板产生的宽直径多光束干涉作为辐照光照射到一块掺铁铌酸锂晶体的前表面上,该晶体的尺寸为 10 mm×10 mm×5 mm,Fe 的质量分数为 0.025%。辐照光在晶体内传播时,由于存在光折变效应,在晶体内会感应出非线性的折射率变化。为了实现良好的折射率结构,避免出

现扭曲和变形,我们使辐照光的偏振方向与掺铁铌酸锂晶体的 c 轴方向垂直
(o 偏振光)。在 b 光路中,5 mW 的氦氖激光器发出 633 nm 的线偏振光,它
被当作探测光用于拍摄折射率结构的导波强度图像和远场衍射图样。探测
光的偏振方向与晶体的 c 轴平行(e 偏振光),这样能够得到较显著的折射率
对比度,有利于拍摄清晰的大面积折射率微结构图像[25-27]。在 c 光路中,一
个开普勒望远镜式的透镜组和位于透镜组焦平面上的旋转漫射器组成了一
个标准的布里渊区光谱观测系统[28-30]。旋转漫射器是一个高速旋转的毛玻
璃片,它可以看作是一个随机相位面,使相干性良好的激光束转变为部分相
干光。部分相干光束由透镜聚焦到已制作出折射率微结构的晶体上,激发
出包含晶体内微结构信息的宽空间频谱光波,在成像透镜的傅里叶平面上
可以拍摄到晶体内微结构的布里渊区光谱图像。

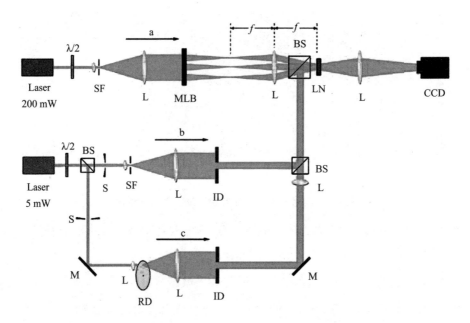

图 4-4　多透镜板法制备大面积二维光折变光子微结构的实验装置

λ/2—半波片;S—快门;SF—空间滤波器;L—透镜;BS—分束器;M—反射镜;

MLB—多透镜板;ID—可变光阑;RD—旋转漫射器;LN—掺铁铌酸锂晶体

掺铁铌酸锂晶体单位面积上受到的辐照光功率大小决定了晶体内发生

光折变折射率变化的速率[31-32]。单位面积上辐照的光能量越大,光折变变化的速率就越高。但是过高的辐照光强引起光折变变化速率过快,难以掌握合适的辐照时间。过量的辐照会导致折射率结构出现变形和模糊。因此,在实验中为了辐照时间容易掌握,就需要将光折变变化率控制在一个合适的范围。典型的辐照光强是 $42.5\sim58.2$ mW/cm^2。在该强度范围下,晶体的光折变变化率适度,在实验上很容易对辐照时间进行控制。

掺铁铌酸锂晶体中制作大面积二维三角晶格微结构的实验结果如图4-5所示。导波强度图像有助于分析晶体内感应微结构的折射率分布特点和导波性质。当一束宽平面波照射晶体时,晶体内的折射率微结构会对光波的传播产生引导作用。这样晶体内的折射率变化情况就可以通过输出的导波强度图像来进行定性的了解。图 4-5(a) 是 CCD 相机拍摄到的晶体内感应的折射率微结构的导波强度图像,图中可以清晰地观察到二维的三角形晶格结构,这与图 4-3(a)中数值模拟的三光束干涉图样具有相同的强度分布特点,且折射率微结构具有较大的面积。这证明在晶体内已成功地制作出了大面积二维三角晶格的光子微结构。

在细探测光束照射下,晶体内折射率微结构的远场衍射图样如图 4-5(b)所示。七个明显的衍射光斑组成了一个正六边形,这与图 4-3(b)中数值模拟的二维三角晶格结构的远场衍射图样完全相同。这同样证明了晶体内制作出的折射率结构是呈三角晶格形式分布的。微结构的布里渊区光谱图像如图 4-5(c)所示,六条暗线构成了一个类似六芒星形的图案,这也与图 4-3(c)中数值模拟的布里渊区结构图案相吻合。这再次表明晶体内的折射率结构是二维三角晶格形态的。通过测量,晶体内三角晶格微结构的周期数值约为 9 μm,制作出的折射率微结构面积大约是 25 mm^2。如果提高透镜 L 与小透镜焦距的比值,晶体中光子微结构的制作面积还可以进一步的扩大。

（a）

（b）　　　　　　　　　　（c）

图 4-5　使用三透镜板在掺铁铌酸锂晶体中制作大面积

二维三角晶格光子微结构的实验结果

(a)晶体内制作的大面积二维三角晶格微结构的导波强度图像；(b)晶体内大面积二维三角晶格微结构的远场衍射图样；(c)晶体内大面积二维三角晶格微结构的布里渊区光谱图像

　　通过设计不同的多透镜板，能够实现多种复杂的宽光束干涉，从而在晶体中制作出其他类型的大面积光子微结构。图 4-6 给出了两种多透镜板方案，分别是七透镜和六透镜的配置，它们能够制作更复杂的大面积光子微结构，这里仅从数值模拟的角度对其可行性进行了预测。

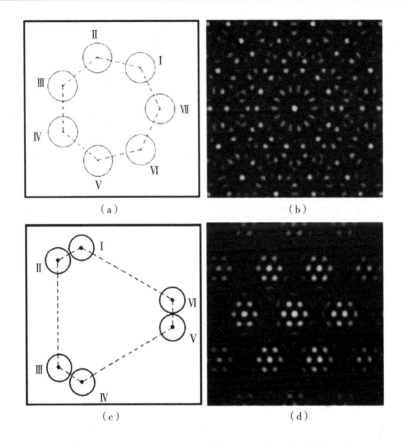

图 4-6　两种多透镜板方案制作复杂光子微结构的数值模拟效果图

(a)和(c)分别是七透镜板和六透镜板;(b)和(d)分别是十四次对称准晶结构和复合周期
结构光强图案的数值模拟图

4.2　多楔面棱镜法制备大面积二维光折变
光子微结构

　　多透镜板法虽然简便地实现了宽直径的多光束干涉,制作出了大面积
的光折变光子微结构,但是在实验中入射的平面光波在经过多透镜板和透
镜 L 传播时要进行"平面波→球面波→平面波"的转换。这就要求多透镜板

和透镜 L 之间的距离要严格等于小透镜和透镜 L 两者的焦距之和。任何偏离理想位置的情况都会给生成的宽直径光束带来一定的误差,使发生干涉的光波波形发生变化,不再是严格的平面波。这将给制作清晰的大面积光子微结构带来不利的影响。虽然这种装置之间的位置调节并不是很复杂,但是仍然需要借助一些精密的调节设备来实现,比如精密平移台。如果能够简化入射光波在系统中的传播过程,尽可能避免光波出现波形变换,使入射光始终以平面波的形态进行传输,那必然能够最大限度地简化大面积光子微结构的制作装置,有利于进一步降低制作成本。在这部分内容中,我们提出一种新的制作大面积光子微结构的方案,使用多楔面棱镜来产生宽直径的多光束干涉,在掺铁铌酸锂晶体中制作出了大面积的二维光子微结构。这是一种更加简单、更加紧凑的实验方法,装置稳定性好,几乎不需要任何精密的调节设备就能实现理想的大面积多光束干涉。该方法同样十分灵活,可扩展性好,能够高效地制作多种多样的大面积光子微结构。

4.2.1 多楔面棱镜的基本原理

光楔是实验室中常见的光学元件,它是一种顶角非常小的棱镜[33]。光楔具有偏折作用,当一束单色平面波照射到光楔上,该平面波的传播方向将会发生变化。波束向着靠近光楔底边的方向发生偏转,但波面形状不会发生改变,仍然是平面波。如果平面波的入射方向与光楔表面垂直,则光束的偏转角度 θ 满足关系式 $\theta=(n_g-1)\alpha$,如图 4-7(a)所示。其中 n_g 为光楔材料的折射率,一般为光学玻璃介质。α 是光楔的顶角,也叫楔角。这样在光楔的作用下一束平面波就能够波面无变形地发生偏转。将两个具有相同楔角的光楔底边相对共面放置,如图 4-7(b)所示。当它们被一束宽平面波垂直照射时,两个光楔将入射光波分成了两个部分,这两部分光波在光楔的偏折作用下传播方向均会发生偏转。上半部分的光波会向下偏转,下半部分的光波会向上偏转。由于两个光楔的楔角相等,所以上下两部分光波偏转的角度大小也相等。这必然导致两部分光波在系统的中心线附近相遇叠加。在叠加区域内,两部分光波会发生干涉,产生明暗相间的干涉条纹。由于光楔的通光孔径比较大,而偏转光束的横截面积与光楔的通光孔径相接近,因此光波的叠加区域具有较大的面积。这样利用两个相同楔角的光楔就实现了大面积的双光束干涉。

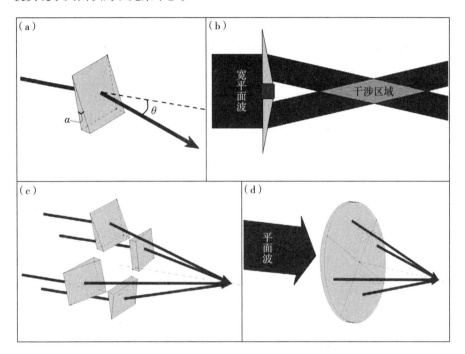

图 4-7　多楔面棱镜产生大面积干涉光场的原理示意图

(a)单个光楔对光束的偏转作用;(b)两个光楔组合产生大面积的双束光干涉的示意图;(c)多个光楔组合产生多光束干涉的示意图,这里以四个光楔组合为例;(d)多楔面棱镜产生多光束干涉的示意图

　　类似地,可以扩展到多个光楔的情况,如图 4-7(c)所示。四个参数(楔角度数 α、光楔尺寸、材料折射率 n_g)完全一样的光楔底边相对并且共面,组成了一个十字形结构。在宽平面波的辐照下,每个光楔都会产生一束向十字形结构中心偏转的平面波束,且偏转角的大小均为 $\theta = (n_g - 1)\alpha$。这四个偏转光束将在距离十字形结构中心一定距离处发生叠加干涉,在叠加区域就得到了大面积的四光束干涉光场。因此,使用 m 个相同规格的光楔,通过适当的组合方式就能够产生 m 个光束的大面积干涉光场。这种大面积多光束干涉的产生原理非常简单,光

波在整个过程中始终以平面波的形式传播,不存在波形变换的问题。只要保证光楔的参数相同,就能产生理想的大面积多光束干涉。然而,在实际操作中这个方式并不容易实现。使多个光楔组成适当的配置并保持每个元件都共面,需要一套非常复杂的精密机械调节装置,这反而增加了实验装置的成本和复杂性。因此,需要对上述方案进行改进,在保留光楔容易产生大面积干涉光场的前提下,尽量降低多个光楔存在带来的装置复杂性。从这个角度出发,我们对多光楔的组合配置加以改进,把多个光楔按照原有的组合方式"融合"成一个单个的光学元件,如图 4-7(d)所示。这个新光学元件是一种特殊的棱锥体,它的棱锥高度非常小,具有多个楔面,并且这些楔面具有相同的楔角和较大的通光面积。我们把这种多个光楔组成的新元件称为"多楔面棱镜"。当宽直径的平面波垂直照射多楔面棱镜时,入射波在多楔面棱镜各个楔面的作用下分裂成几个子波束。这些子波束发生偏转并在多楔面棱镜后方一定的距离处叠加,在叠加区域就产生了大面积的多光束干涉。该方法既保留了多光楔干涉方案中原理简单、无须波形变换、干涉区域面积大等一系列优点,又克服了多个元件共面配置不易实现的缺点。多个光楔组合成多楔面棱镜后不再需要复杂的机械调节,整个装置更加紧凑,集成度高,抗机械振动特性好,对系统精密调节的需求降到了最低。当宽激光束照射到一个直径为 40 mm 的四楔面棱镜时,产生的四光束干涉面积可达 215.6 mm^2。这可用于高效率地制作大面积光折变光子微结构。多楔面棱镜的方法也十分灵活,通过设定不同的楔面数目,能够产生多种不同的多光束干涉,进而制作出不同类型的大面积光子微结构。

4.2.2 大面积二维四方晶格与准晶光子微结构的制备与表征

在实验中,我们使用一个四楔面棱镜来产生四光束干涉的辐照光。图 4-8(a)是数值模拟的四光束干涉的光强分布图案,可以看出这是一种二维四方晶格点阵形态的结构。图 4-8(b)和(c)是数值模拟的二维四方晶格结构的远场衍射图样和布里渊区结构图案。

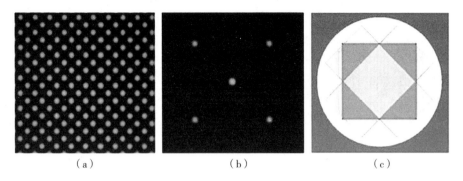

（a）　　　　　　　　（b）　　　　　　　　（c）

图 4-8　利用四光束干涉实现二维四方晶格结构

（a）数值模拟的四光束干涉光强分布图案；（b）数值模拟的二维四方晶格结构的

远场衍射图样；（c）二维四方晶格结构对应的布里渊区结构图案

　　多楔面棱镜法在掺铁铌酸锂晶体中制备大面积二维光子微结构的实验装置如图 4-9 所示。一台 200 mW 的 Nd：YAG 固态激光器发出波长为 532 nm 的线偏振激光束，开关 s_1，s_2，s_3 分别控制着三个不同的光路。当打开 s_1，闭合 s_2、s_3 时，该光路用来在掺铁铌酸锂晶体中感应出大面积的光子微结构。准直并扩束后的激光束以平面波的形式垂直辐照一块四楔面棱镜。该四楔面棱镜产生大面积的四光束干涉并作为辐照光投射到一块掺铁铌酸锂晶体的前表面上。晶体的尺寸为 10 mm×10 mm×5 mm，Fe 的质量分数为 0.025%。辐照光的光强度约为 52.5 mW/cm²。为了在光感应过程中实现无变形的折射率调制微结构，辐照光的偏振方向被调节为与晶体的 c 轴垂直。当打开 s_2，关闭 s_1 和 s_3 时，该光路被用于观测晶体内折射率微结构的导波强度图像和远场衍射图样。可变光阑能够灵活地控制辐照在晶体上的探测光束的直径，从而实现不同的探测需要。为了实现良好的图像观察效果，探测光的偏振方向被调节为与晶体的 c 轴平行。因为该情况下光波在介质中传播时具有较高的电光系数，它能显示出一个显著的折射率对比度。当打开 s_3，关闭 s_1 和 s_2 时，该光路变成了一个标准的布里渊区光谱成像系统[28-30]。旋转漫射器高速旋转形成了一个随机相位面，使激光器发出的相干激光束变成了部分相干光。在部分相干光束的聚焦照明下，晶体内折射率微结构的布里渊区光谱图像可以用 CCD 相机在成像透镜的傅里叶平面上拍摄到。布里渊区光谱图像中包含了晶体内折射率微结构的重要信息，有助于对晶体内微结构的折射率分布特点做出分析和判断。

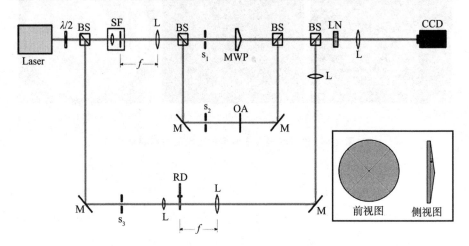

图 4-9　多楔面棱镜方法在掺铁铌酸锂晶体中制备

大面积二维光子微结构的实验装置示意图

$\lambda/2$—半波片；$s_1 \sim s_3$—快门；SF—空间滤波器；L—透镜；BS—分束器；M—反射镜；

MWP—多楔面棱镜；OA—光衰减器；RD—旋转漫射器；LN—掺铁铌酸锂晶体；

插图是四楔面棱镜正面和侧面的结构示意图

　　具体的实验结果如图 4-10 所示。图 4-10(a)是在 e 偏振的探测光照明下由 CCD 相机拍摄到的晶体内折射率微结构的导波强度图像。图中可以清晰地观察到这是一种大面积的周期性微结构，折射率分布具有二维四方晶格的特点。这与图 4-8(a)中的仿真结果相同。通过测量可以得出该折射率微结构的周期为 $12~\mu m$。

　　由于我们实验中使用的晶体尺寸有限($10~mm \times 10~mm$)，而辐照光的照射面积可达到 $200~mm^2$ 以上，通过移动 CCD 相机的位置拍摄晶体内不同局部的导波强度图像可以证实，在晶体内的整个区域都感应出了同样的折射率微结构。这表明晶体内制作的二维四方晶格光子微结构面积接近 $100~mm^2$。如果换用更大面积的光敏材料，该装置制作的光子微结构的面积将会进一步地提高。图 4-10(b)是细探测光照射下折射率微结构的远场衍射图样，它与图 4-8(b)中的数值模拟结果类似，均是由五个衍射光斑构成的四方形图案。这证明实验和理论预测相符合。图 4-10(c)是晶体内折射率微结构的布里渊区光谱图像,与图 4-8(c)中的仿真图相比,实验拍摄的图像中少了两条竖直方向上的暗线。这是掺铁铌酸锂晶体各向异性的光折变性质造成的。除此之外,仿真图和实验图的其余部分都符合得较好。这再次证明晶体内的折射率结构是呈二维四方晶格类型分布的。

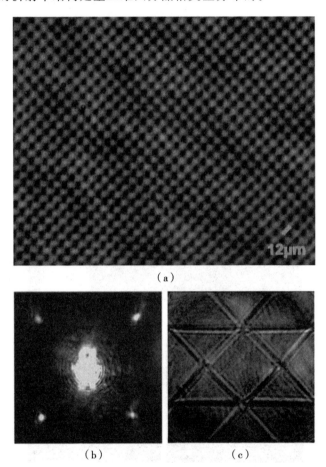

（a）

（b）　　　　　　　　　（c）

图 4-10　使用四楔面棱镜在掺铁铌酸锂晶体中制作大面积

二维四方晶格微结构的实验结果

(a)晶体内感应出的大面积二维四方晶格微结构的图像;(b)晶体内大面积四方晶格微结构的远场衍射图样;(c)晶体内大面积四方晶格微结构的布里渊区光谱图像

　　通过设计不同楔面数目的多楔面棱镜,该方法很容易扩展制作其他更加复杂的大面积光子微结构,比如大面积的二维准晶光子微结构。图 4-11(a)是使用五楔面棱镜在掺铁铌酸锂晶体中制作大面积二维十次对称准晶微结构的实验结果图,图中的比例尺为 18 μm。图 4-11(a)中右下角的插图是五楔面棱镜的结构示意图。图 4-11(b)和(c)分别是实验拍摄到的大面积二维准晶光子微结构的远场衍射图样和布里渊区光谱图像。经过适当的固化处理(如热固定)[34-35],掺铁铌酸锂晶体中制作的大面积光子微结构可以长久地固定在晶体中。制作的结构也可以用白光辐照或加热的方式擦除,从而在晶体内制作新的结构。

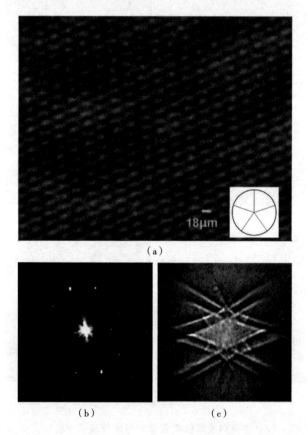

图 4-11 使用五楔面棱镜在掺铁铌酸锂晶体中制作大面积二维准晶光子微结构的实验结果

(a)晶体内感应出的大面积二维准晶微结构的图像,右下角的插图是五楔面棱镜的结构示意图;(b)晶体内大面积准晶微结构的远场衍射图样;(c)晶体内大面积准晶微结构的布里渊区光谱图像

4.3　本章小结

综合以上内容,我们提出了两种简便的实验方案,在光折变材料中制作出多种大面积的二维光子微结构。这两种实验方案分别采用多透镜板和多楔面棱镜来产生大面积的多光束干涉光场,方法都比较简单,装置稳定性好,制备效率高。在掺铁铌酸锂晶体中分别制作出了大面积的三角晶格光子微结构、四方晶格光子微结构以及十次对称的准晶光子微结构。使用导波强度图像、远场衍射图样、布里渊区光谱成像等方法对制作的大面积光子微结构进行了验证和分析。多透镜板的方法既保留了多针孔板灵活简便、成本低、易于加工的优点,又提高了装置的通光效率和干涉面积,使光子微结构的制作面积相比于多针孔板法得到了显著提高。多楔面棱镜的方法在产生多光束干涉时不需要对光波进行波形变换,光路更加简单,对装置精密调节的要求更低,系统更加稳定,更容易实现大面积光折变光子微结构的高效制备。通过对多透镜板和多楔面棱镜进行适当的设计,能够制作多种更复杂的大面积光子微结构。这些工作对提高光子微结构的制备效率,促进光子微结构实现大规模的生产具有积极的意义。

参考文献

[1] Colman P, Husko C, Combrié S, et al. Temporal solitons and pulse compression in photonic crystal waveguides[J]. Nature Photonics, 2010, 4 (12): 862-868.

[2] Li J, O'Faolain L, Rey I H, et al. Four-wave mixing in photonic crystal waveguides: slow light enhancement and limitations[J]. Optics Ex-

press,2011,19(5):4458-4463.

[3] Nozaki K,Tanabe T,Shinya A,et al. Sub-femtojoule all-optical switc-
hing using a photonic-crystal nanocavity[J]. Nature Photonics,2010,4
(7):477-483.

[4] Heuck M,Kristensen P T,Elesin Y,et al. Improved switching using
Fano resonances in photonic crystal structures[J]. Optics Letters,
2013,38(14):2466-2468.

[5] Sancho J,Bourderionnet J,Lloret J,et al. Integrable microwave filter
based on a photonic crystal delay line[J]. Nature Communications,
2012,3:1075.

[6] Fan S,Villeneuve P R,Meade R D,et al. Design of three-dimensional
photonic crystals at submicron lengthscales[J]. Applied Physics Let-
ters,1994,65(11):1466-1468.

[7] Xu Y,Sun H B,Ye J Y,et al. Fabrication and direct transmission meas-
urement of high-aspect-ratio two-dimensional silicon-based photonic
crystal chips[J]. JOSA B,2001,18(8):1084-1091.

[8] Deubel M,Von Freymann G,Wegener M,et al. Direct laser writing of
three-dimensional photonic-crystal templates for telecommunications
[J]. Nature Materials,2004,3(7):444-447.

[9] Zakhidov A A,Baughman R H,Iqbal Z,et al. Carbon structures with
three-dimensional periodicity at optical wavelengths[J]. Science,1998,
282(5390):897-901.

[10] Guo H C,Nau D,Radke A,et al. Large-area metallic photonic crystal
fabrication with interference lithography and dry etching[J]. Applied
Physics B,2005,81(2-3):271-275.

[11] Zhang X,Sun B,Guo H,et al. Large-area two-dimensional photonic
crystals of metallic nanocylinders based on colloidal gold nanoparticles

[J]. Applied Physics Letters,2007,90(13):133114.

[12] Cui L,Li Y,Wang J,et al. Fabrication of large-area patterned photonic crystals by ink-jet printing[J]. Journal of Materials Chemistry,2009, 19(31):5499-5502.

[13] Zhu N,Liu Z,Guo R,et al. A method of easy fabrication of 2D light-induced nonlinear photonic lattices in self-defocusing LiNbO$_3$:Fe crystal[J]. Optical Materials,2007,30(4):527-531.

[14] Jin W,Gao Y. Optically induced three-dimensional nonlinear photonic lattices in LiNbO$_3$:Fe crystal[J]. Optical Materials,2011,34(1):143-146.

[15] Jin W,Gao Y,Liu M. Fabrication of large area two-dimensional nonlinear photonic lattices using improved Michelson interferometer[J]. Optics Communications,2013,289:140-143.

[16] Song T,Liu S M,Guo R,et al. Observation of composite gap solitons in optically induced nonlinear lattices in LiNbO$_3$:Fe crystal[J]. Optics Express,2006,14(5):1924-1932.

[17] Smirnov E,Rüter C E,Kip D,et al. Light propagation in double-periodic nonlinear photonic lattices in lithium niobate[J]. Applied Physics B,2007,88(3):359-362.

[18] Matoba O,Ichioka Y,Itoh K. Array of photorefractive waveguides for massively parallel optical interconnections in lithium niobate[J]. Optics Letters,1996,21(2):122-124.

[19] Jia X,Jia T Q,Ding L E,et al. Complex periodic micro/nanostructures on 6H-SiC crystal induced by the interference of three femtosecond laser beams[J]. Optics Letters,2009,34(6):788-790.

[20] Xiong P,Jia T,Jia X,et al. Ultraviolet luminescence enhancement of ZnO two-dimensional periodic nanostructures fabricated by the inter-

ference of three femtosecond laser beams[J]. New Journal of Physics, 2011,13(2):023044.

[21] Carretero L,Beléndez A,Fimia A. Holographic noise gratings for analysing and optimizing photochemical processings in bleached silver halide emulsions[J]. Journal of Modern Optics,1993,40(4):687-697.

[22] Fimia A,Carretero-Lopez L,Fuentes R,et al. Noise sources in silver halide volume diffuse-object holograms[J]. Optical Engineering,1995, 34(4):1108-1115.

[23] 赵成阳,魏杰. 光刻胶发展概述[J]. 信息记录材料,2015 (5):42-49.

[24] 陶世荃,江竹青,王大勇,等. 光学体全息技术及应用[M]. 北京:科学出版社,2013.

[25] Fleischer J W,Carmon T,Segev M,et al. Observation of discrete solitons in optically induced real time waveguide arrays[J]. Physical Review Letters,2003,90(2):023902.

[26] Fleischer J W,Segev M,Efremidis N K,et al. Observation of two-dimensional discrete solitons in optically induced nonlinear photonic lattices[J]. Nature,2003,422(6928):147-150.

[27] 刘思敏,郭儒,许京军. 光折变非线性光学及其应用[M]. 北京:科学出版社,2004.

[28] Bartal G,Cohen O,Buljan H,et al. Brillouin zone spectroscopy of nonlinear photonic lattices[J]. Physical Review Letters,2005,94(16): 163902.

[29] Terhalle B,Träger D,Tang L,et al. Structure analysis of two-dimensional nonlinear self-trapped photonic lattices in anisotropic photorefractive media[J]. Physical Review E,2006,74(5):057601.

[30] Xavier J,Rose P,Terhalle B,et al. Three-dimensional optically induced reconfigurable photorefractive nonlinear photonic lattices[J]. Optics

Letters,2009,34(17):2625-2627.

[31] 杨春晖,孙亮,冷雪松,等.光折变非线性光学材料:铌酸锂晶体[M].北京:科学出版社,2009.

[32] Yeh P. Introduction to photorefractive nonlinear optics[M]. Wiley-Interscience,1993.

[33] 姚启钧原著.光学教程[M].第三版.北京:高等教育出版社,2002.

[34] Amodei J J,Staebler D L. Holographic pattern fixing in electro-optic crystals[J]. Applied Physics Letters,1971,18(12):540-542.

[35] Vormann H,Weber G,Kapphan S,et al. Hydrogen as origin of thermal fixing in LiNbO$_3$:Fe[J]. Solid State Communications,1981,40(5):543-545.

第5章　二维复杂光折变光子微结构的制备与表征

5.1　基于多光束干涉原理的复合周期光子微结构制备

折射率调制呈现周期性分布的光学微结构材料是最简单最常见的一类光子微结构。目前,人们已经对周期性光子微结构进行了广泛的研究,发现了许多有趣的现象,并探索出一些有价值的应用[1-5]。复合周期光子微结构是由两种或两种以上的周期性阵列组合而成的一类复杂的光子微结构,它是一种新型的微结构材料[6-8]。由于结构中含有多种不同周期的排列,所以复合周期光子微结构会表现出一些与单一周期性微结构不同的性质[9-11]。有研究表明,在复合周期的微结构中每一种周期排列都具有各自对应的光子带隙,也就是说,复合周期光子微结构的带隙是由两种或两种以上周期性微结构的带隙组合而成的。这意味着复合周期光子微结构的带隙具有更大的宽度。这使材料的带隙特性得到较大的改善,更容易实现完全的光子禁带[12-14]。因此,研究复合周期光子微结构的制备方法就具有非常重要的意义。

5.1.1　多光束干涉产生复合周期光强图案的原理

复合周期光子微结构同时具有多个周期的特点,结构非常复杂,这使得常用的微结构加工技术很难对这类光子微结构进行有效的制备[15-20]。有研究发现,利用多束相干光的复杂干涉,能够实现空间光强分布具有复合周期特点的干涉光场[21-22]。这就为光感应技术制作具有复合周期特点的光折变光子微结构提供了可能。然而,产生复合周期形态的干涉光强图案需要的相干光束数目比较多,使用传统的多光束干涉方式显然不可能实现这一目的[23-25]。多针孔板或多透镜板的方案在产生多光束干涉时能够简便地增加干涉光束的个数,并且对干涉光束的几何配置能够进行灵活的控制,因此很适合用来实现干涉光束数目较多的复合周期干涉光场。在这里以一个八透镜板产生(4+4)束光干涉为例,对复合周期形态干涉光场的产生进行定性的说明。

如图 5-1(a)所示,这是一个(4+4)配置的八透镜板,A 和 B 都是由正方形配置的四个小透镜组成的透镜集团。两个透镜集团 A 和 B 之间相隔一定距离,并且透镜集团内小透镜之间的距离小于两个透镜集团中心之间的距离。对于每个透镜集团,呈正方形配置的四个透镜将产生四束光干涉。由于透镜间距较小,所以将形成周期较大的二维四方点阵干涉光场,如图 5-1(b)所示。因为两个透镜集团 A 和 B 的几何参数一致,所以两个透镜集团会产生周期大小和条纹形状完全相同的二维干涉光场。同时,这两组产生于不同透镜集团的干涉光之间也会发生干涉。由于两个透镜集团相隔一定距离,可以把每个透镜集团看作一个整体,那么这两个整体之间的作用类似于两个相干光源之间的干涉,将产生一维的干涉条纹。两个透镜集团之间距离较大,则产生的一维干涉条纹周期较小,如图 5-1(c)所示。因此,每个透镜集团所产生的干涉光场会受到透镜集团之间干涉作用的"调制",最终形成的干涉图案是小周期的一维干涉条纹光场与大周期的二维干涉点阵光场共同作用的结果,即一种复合的周期性图案,如图 5-1(d)所示。通过设计具有不同透镜集团配置的多透镜板,就能实现多种多样的二维复合周期干涉光强图案。这样就可以利用得到的复合周期干涉光场在光折变介质中制作出复合周期的光子微结构。

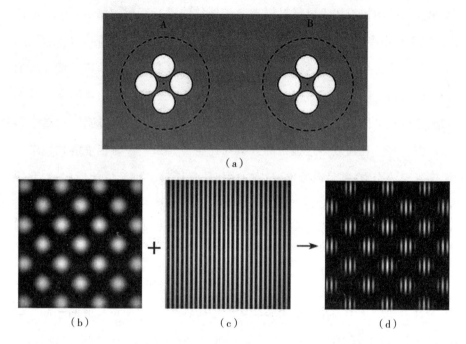

图 5-1 多光束干涉产生复合周期光强分布图案的原理示意图

(a)(4+4)配置的八透镜板结构示意图;(b)八透镜板上单个透镜集团产生的四光束干涉光强图案的数值模拟结果;(c)两个相干点光源产生干涉生成的干涉光强图案的数值模拟结果;(d)(4+4)束光干涉产生的光强分布图案的数值模拟结果

5.1.2 多光束干涉制备复合周期光子微结构

在实验中,我们分别使用八透镜板和六透镜板来产生复杂的多光束干涉,在掺铁铌酸锂晶体中制作出了两种复合周期的光子微结构。八透镜板和六透镜板的几何配置示意图如图 5-2 所示。

由于实验中存在的光束数目比较多,且配置比较复杂,所以立体空间中的光束几何配置不易于表示。为了简便起见,我们使用每束光的波矢在 xOy 平面内的投影来表示参与干涉的各个光束之间的配置关系。投影矢量 k_i 与每束光的波矢 k'_i 的关系如图 5-3(a)所示。这里设系统的光轴为 z 轴(即多透镜板所在平面的法线方向),k' 是经过透镜 L 傅里叶变换后参与多光束干涉的一束平面波的波矢,k 是波矢 k' 在垂直于系统光轴的平面(xOy 平面)上的投影矢量。对于不同的波矢 k'_i,在 xOy 平面内都有一个 k_i 与之相对应。在透镜 L 的焦距确定的情况下,xOy 平面内矢量 k 的参数可以反映出立体空间中波矢 k' 的情况。在设计和制作多透镜板时,这样的投影矢量配置图有助于确定各个透镜之间的几何位置关系。

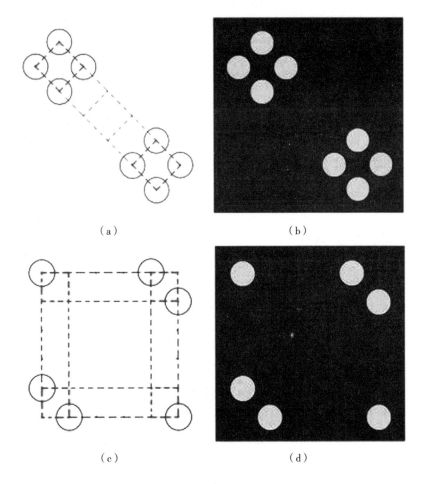

(a)   (b)

(c)   (d)

图 5-2 多透镜板的设计举例

(a)和(c)分别是八透镜板和六透镜板的几何配置结构图;

(b)和(d)分别是八透镜板和六透镜板

图 5-3(b)和(d)分别是八束光和六束光干涉时各个波矢投影之间配置关系的示意图。图 5-3(c)和(e)是在该配置关系下,数值模拟的八束平面波干涉和六束平面波干涉产生的空间光强分布图案。可以发现这两种干涉光

强图案均呈现出复杂的周期性特点。其中,八束平面波干涉产生的光强图案在大的周期性上呈现出二维四方点阵的形态,而在每个大周期单元内又呈现出小周期的一维干涉条纹。六束平面波干涉产生的光强图案在大周期性上表现为一维的条纹状结构,而在每个条纹的内部则表现出二维的点阵形分布。因此,这两种图案均是由一维周期性结构和二维周期性结构组合而成的复合周期结构。这从理论上预测出八透镜板和六透镜板产生的多光束干涉光场均具有二维复合周期的特点。

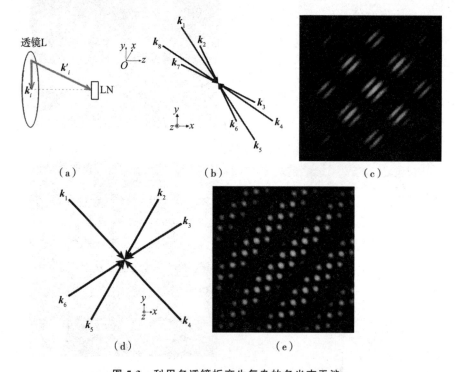

图 5-3 利用多透镜板产生复杂的多光束干涉

(a)光波波矢 k'_i 与投影矢量 k_i 之间对应关系的示意图;(b)和(d)分别是八束光和六束光干涉时各个波矢投影之间的配置关系图;(c)和(e)分别是八透镜板和六透镜板产生多光束干涉光强分布的数值模拟图

　　用多透镜板法制作二维复合周期光子微结构的实验装置示意图如图5-4所示。一台 200 mW 的 Nd:YAG 固态激光器发出波长为 532 nm 的线偏振激光束。在光路 a 中,光波在多透镜板的作用下产生了多束平面波的复杂干涉,生成的复合周期光强图案作为辐照光照射到一块掺铁铌酸锂晶体前表面上。该晶体的尺寸为 11 mm×11 mm×3 mm,Fe 质量分数为 0.03%。为了实现无扭曲的折射率调制结构,辐照光的偏振方向与晶体的 c 轴垂直,辐照强度为 50.2 mW/cm^2。在光路 b 中,激光束作为平面探测光束来对晶体内产生的复杂折射率结构进行探测,它的偏振方向与晶体的 c 轴平行。通过调整成像透镜的位置,CCD 相机能够拍摄到探测光辐照下晶体内感应的复合周期折射率微结构的导波强度图像。

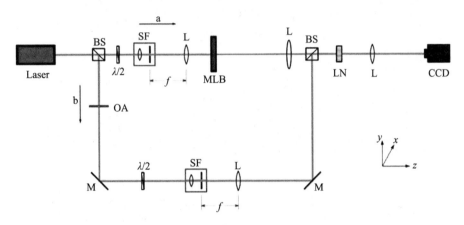

图 5-4　多透镜板法制备二维复合周期光子微结构的实验装置示意图

λ/2—半波片;OA—光衰减器;SF—空间滤波器;L—透镜;BS—分束器;

M—反射镜;MLB—多透镜板;LN—掺铁铌酸锂晶体

　　制作光折变二维复合周期光子微结构的实验结果如图 5-5 所示。图 5-5(a)和(c)是辐照的初始时刻在晶体的前表面上拍摄到的辐照光的空间强度分布图像。可以发现辐照光的光强图案与图 5-3(c)和(e)中数值模拟的结果相同,这是两种复合周期的结构图案。图 5-5(b)和(d)是探测光辐照下 CCD 相机拍摄到的晶体内制作的复合周期折射率微结构的导波强度图像。图中可以清晰地观察到产生的结构是具有复合周期特点的复杂微结构,且与图 5-3(c)和(e)中数值模拟的图案具有相似的复合周期特点。这证明在掺铁铌酸锂晶体中制作出了两种二维复合周期的光子微结构。图中的比例尺代表 10 μm。

　　用不同的多透镜板可以制作更多种复合周期光子微结构。当需要的光束数目非常多时(比如十几束光,甚至更多束光),在多透镜板上密集地镶嵌较多小透镜会比较麻烦,这时可以改用多针孔板的方式来实现大量数目的多光束干涉。在图 5-6 中,我们列举了另外两种复合周期光子微结构的实施方案,分别用十六束光和八束光干涉产生更复杂的复合周期光子微结构,并通过数值模拟给出了预期的效果图。

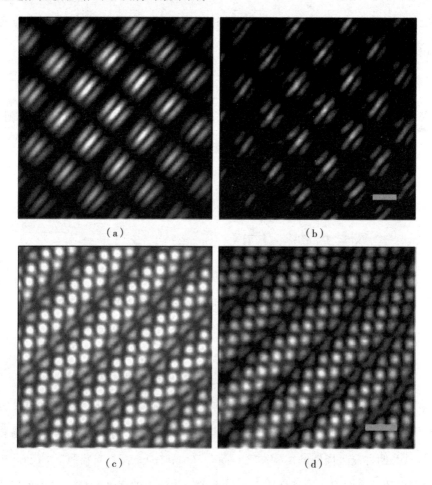

（a） （b）

（c） （d）

图 5-5 制作光折变二维复合周期光子微结构的实验结果

(a)和(c) 分别是初始时刻在晶体前表面拍摄到的两种复合周期辐照光的空间强度分布图案;(b)和(d) 分别是晶体内感应出的两种复合周期折射率微结构的导波强度图像;图中的比例尺均为 10 μm

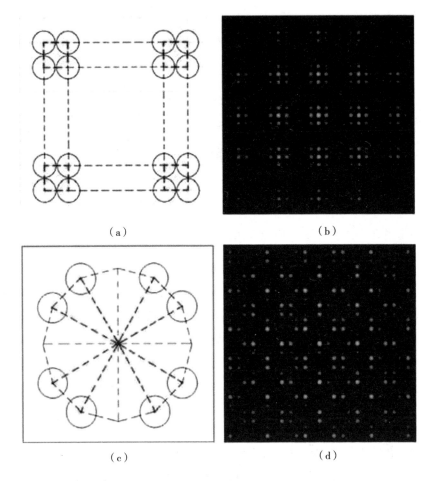

图 5-6　更复杂的复合周期光子微结构实现方案的数值模拟效果图

（a）和（c）分别是十六透镜板和八透镜板的几何结构示意图；（b）和（d）分别是十六束光干涉和八束光干涉产生的复合周期结构光强图案的数值模拟结果

5.2　基于投影成像方法的复杂光子微结构制备

在光感应技术制作光子微结构的方法中，多光束干涉具有重要的作用。利用多个平面波干涉能够产生周期性、准周期性以及复合周期性光强分布的干涉光场，从而在光折变材料中感应出多种多样的光子微结构[26-29]。然而通过多光束干涉产生辐照光的方式存在着一些局限性。对于一些比较复杂的光子微结构,比如波浪状的栅格微结构、带有多种缺陷的周期性微结构等,这些微结构的折射率分布呈现出一定的任意性。采用多光束干涉的方法很难产生空间分布与之相类似的干涉光强图案,因此无法对这些折射率分布较为复杂的光子微结构进行制备。如何克服多光束干涉方式存在的上述缺点,对实现复杂类型光子微结构的制作具有非常重要的意义。2012年Boguslawski等人利用编程控制的空间光调制器在铌酸锶钡晶体中制作出了三种结构比较复杂的超格子微结构[30]。这是制作复杂类型光子微结构领域一个很有价值的探索。他们采用计算机编程计算全息的方式产生复杂结构的辐照光。这需要实验操作人员具备良好的衍射计算基础和较强的编程能力,对制作复杂光子微结构的前提条件提出了较高的要求。如果能够简化上述实验实施的条件,降低操作人员专业技能方面的限制,无疑会对复杂类型光子微结构制备技术的推广带来积极的影响。

在这部分内容中,我们使用投影成像的方法在掺铁铌酸锂晶体中制作出几种复杂类型的光子微结构。这些复杂光子微结构包括波浪状栅格微结构、点状缺陷周期性微结构、线状缺陷周期性微结构以及阵列缺陷周期性微结构。它们的共同特点是几乎不可能用多光束干涉的方法进行制备。在我们的方案中,先将设计好的复杂结构图案加载到空间光调制器上,然后利用光学系统将复杂结构图案投射到光折变晶体上,形成具有复杂光强分布特点的辐照光,经过适当的辐照后在晶体内感应出复杂的折射率微结构。该方法非常简单,适应性强。在计算机上绘制出所需的复杂结构的灰度图案后,导入空间光调制器就能够实现任意结构的辐照光。相比Boguslawski[30]等人的空间光调制器实验方案,投影成像的方法不需要复杂的编程和计算全息基础,绘制结构的灰度图案不需要专门的知识就能灵活的操作。该方法不仅仅局限于光折变材料,同样可以适用于各种其他类型的感光介质。此外,由于该方案中光束只是作为照明光而无须发生干涉,因此对所用光源的相干特性并无特殊要求。根据感光介质性质的不同,实验中使用的照明光波既可以是相干光,也可以是部分相干光,甚至是非相干白光。

5.2.1　投影成像法的原理与基础

空间光调制器是一种能够实时调控入射光波空间分布特性的器件。它能够对光波的相位、振幅、偏振态等特性进行空间和时间的变换或调制,从而将调控的信息载入到光波中。简单来说,空间光调制器可以看作一个多种光学参数能够实时进行设置的光学透明片。这种高度的灵活性使空间光调制器被广泛地应用于光学信息处理、激光脉冲整形、相位调制、光学镊子、全息投影、图像处理等诸多应用领域[31]。基于硅基液晶技术的空间光调制器 LCOS-SLM (liquid crystal on silicon-spatial light modulator)是近几年发展起来的一种新型空间光调制器[32],它具有高分辨率、高亮度的特点,并且产品结构简单,成本较低,被认为是极具应用前景的一类空间光调制器。LCOS 芯片是集成在硅基板上的图像芯片,因为硅基板在可见光波段是不透明介质,所以 LCOS 大多是反射式器件。LCOS 的结构示意图如图 5-7 所示,在硅基板上集成了像素寻址电路,镀有透明导电薄膜的玻璃基板覆盖在硅基板上。两者保持一定间距,形成间隔层,并在间隔层里填充液晶。在 LCOS 工作时,入射光束透过玻璃基板和液晶层,在硅基板的铝电极处发生反射,然后再次透过液晶层和玻璃基板,出射到芯片外部。硅基板的铝电极与玻璃基板上透明电极之间的电位差决定了液晶层上的电压大小。当硅基板上铝电极的电压改变时,液晶层的电压也会随之发生变化。适当设计 LCOS 的参数结构,能够使反射光的偏振状态、相位特性、强度大小发生变化,从而使入射光波的空间分布特性有目的地被改变。

在我们的实验中主要使用的是 LCOS 空间光调制器的振幅调制功能。在计算机上绘制好具有一定结构的灰度图片并加载到空间光调制器上,在空间光调制器上会显示出与所设计结构对应的灰度图像。不同的灰度值对应着不同的光波透过率。当一束线偏振的平面波垂直入射时,空间光调制器会对入射光波的空间分布进行调制。灰度值高的区域光波衰减量大,透过该区域的光波振幅变得很小。灰度值低的区域光波衰减量小,透过该区域的光波振幅较大。显然,光波在经过空间光调制器调制后,输出光波的空间强度分布与空间光调制器上加载的结构图案具有相似的结构特点。因此,通过在计算机上绘制不同的结构灰度图,就能够在空间光调制器上获得任意空间强度分布的输出光束。该方法很适合产生多光束干涉方式无法实现的复杂结构光强图案。通过适当的光学系统,将空间光调制器产生的复杂光强图案投射到光折变晶体上,就能够在晶体中制作出复杂的折射率微结构。

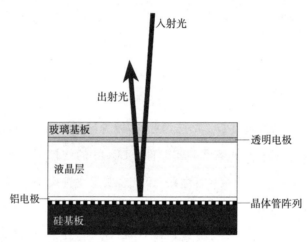

图 5-7 LCOS 的结构与工作原理示意图

透镜组成的光学系统具有成像的功能,不同的组合方式可以实现不同的成像效果[31,33]。如图 5-8 所示,这是由两个双凸透镜组成的 $4f$ 系统,它不仅能够实现傅里叶变换与逆变换,还可以清晰成像。图中物平面 P_1(输入面)位于透镜 L_1 的前焦平面上,透镜 L_1 与透镜 L_2 之间的距离等于它们两者的焦距之和,即透镜 L_1 的后焦平面与透镜 L_2 的前焦平面重合共面 P_2(频谱面)。像平面 P_3(输出面)位于透镜 L_2 的后焦平面上。当单色平面波垂直照明物平面 P_1,设物体的透过率为 $t(x_1,y_1)$,根据第 3 章中提到的透镜的傅里叶变换的性质可知,在透镜 L_1 的后焦平面上(即图 5-8 中的频谱面 P_2)可以得到物体的傅里叶变换,即物体的傅里叶空间频谱:

$$T(u,v) = \int_{-\infty}^{\infty} \int_{-\infty}^{\infty} t(x_1,y_1)\exp[-\mathrm{i}2\pi(ux_1 + vy_1)]\mathrm{d}x_1\mathrm{d}y_1 \quad (5.1)$$

其中 $u = x_2/\lambda f_2$，$v = y_2/\lambda f_2$，这里 x_2,y_2 是空间位置坐标，f_2 是 L_2 的焦距。

同样的，在透镜 L_2 的后焦平面（即输出面 P_3）上将得到 $T(u,v)$ 的傅里叶变换为

$$F[T(u,v)] = \int_{-\infty}^{\infty} \int_{-\infty}^{\infty} T(u,v)\exp[-\mathrm{i}2\pi(ux_3 + vy_3)]\mathrm{d}u\mathrm{d}v \quad (5.2)$$

如果在输出面 P_3 上取反射坐标，即像图 5-8 中所示，令 $x_3 = -x_1$，$y_3 = -y_1$，则式（5.2）变为

$$\int_{-\infty}^{\infty} \int_{-\infty}^{\infty} T(u,v)\exp[\mathrm{i}2\pi(ux_1 + vy_1)]\mathrm{d}u\mathrm{d}v = F^{-1}[T(u,v)] \quad (5.3)$$

由此可见，只要在透镜 L_2 后焦平面上取反射坐标，就能够实现傅里叶逆变换。如果透镜 L_1 和 L_2 的焦距是相等的，即 $f_1 = f_2$，则有 $x_1/x_3 = y_1/y_3 = 1$。这时可得

$$F^{-1}[T(u,v)] = t(x_3,y_3) \quad (5.4)$$

这表明在输出面 P_3 上得到的是与物体大小相等但是倒立的实像。在该系统中透镜 L_1 和 L_2 分别起到了变换和成像的作用。对于更一般的情况，透镜 L_1 和 L_2 的焦距不相等，像平面上的实像大小 d_3 与原物体尺寸 d_1 之间满足比例关系 $d_3/d_1 = f_1/f_2$。当 $f_1 > f_2$ 时，像平面上的实像尺寸小于物体，当 $f_1 < f_2$ 时，像平面上的实像尺寸大于物体。这样通过改变透镜 L_1 和 L_2 之间的焦距配置就能够灵活地对物体图像进行压缩和放大处理。对于图 5-8 中的光学系统，当空间光调制器和光折变晶体分别位于物平面 P_1 和像平面 P_3 上时，在透镜 L_1 和 L_2 的变换和成像作用下空间光调制器输出的光强图像能够无畸变地投射到光折变晶体上。在光折变晶体的前表面能够得到清晰的倒立的实像，其光强分布特点与空间光调制器输出的光强图像相同。这样使用空间光调制器和光学成像系统进行投影成像，就能实现复杂光折变光子微结构的制作。由于光子微结构的结构尺度较小，所以透镜 L_1 和 L_2 的组合应具备图像压缩的功能，即采用 $f_1 > f_2$ 的配置。

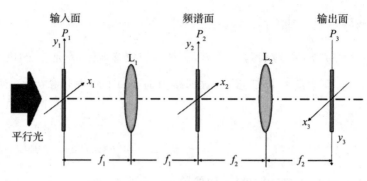

图 5-8　两个透镜组成的 $4f$ 系统示意图

5.2.2　投影成像法中光源的选取

调制不稳定性是在大多数非线性系统中经常出现的一种基本现象[34]。光束在非线性介质中传播时,非线性和衍射相互作用引起相位的起伏和噪声会导致宽光束分解或破碎。光折变介质在相干光辐照下很容易出现调制不稳定性现象[35-36]。投影成像方法产生的辐照光条纹明暗对比度不如多光束干涉方法获得的效果好,这在辐照过程中会使调制不稳定性现象更容易产生,从而引起光感应的折射率微结构发生扭曲和变形,不利于形成稳定清晰的光子微结构。有研究表明,通过控制辐照光束的相干程度可以有效地抑制调制不稳定性现象的产生[37-39]。在部分相干光辐照下,由于存在非线性阈值,光折变介质中不容易出现调制不稳定性现象,这有助于形成稳定清晰的折射率结构。因此,在用投影成像方式制作复杂光子微结构的实验中,我们使用部分相干光束来做照明光。部分相干光束的产生依赖于旋转漫射器,旋转漫射器是一个由小电机带动旋转毛玻璃片的装置,它能够对激光束的相干特性进行调整。高速旋转的毛玻璃片相当于一个随机相位面,激光束照射到这个随机相位面后相位将会产生随机的变化。这使光束的空间相干特性大大降低,从而由相干性良好的激光束转变为部分相干光束。

5.2.3　投影成像法制备复杂类型光子微结构

使用投影成像的方法在掺铁铌酸锂晶体中制备二维复杂类型光子微结

构的实验装置如图 5-9 所示。一台 200 mW 的 Nd：YAG 固态激光器发出波长为 532 nm 的线偏振激光束，在光路 a 中激光束通过一个标准的部分相干光发生装置。该装置是由倒置的望远镜配置和位于焦平面附近的旋转漫射器组成的。通过调节旋转漫射器与它前面透镜的距离，可以改变会聚到旋转漫射器上的光斑大小，从而调节部分相干光光源的尺寸，改变光束的空间相干性。旋转漫射器上会聚的光斑越大，光束的空间相干程度越低。在该过程中光束的频率并没有发生变化，即光束的时间相干性（单色性）保持不变。这样经过该装置后发出的光波就变成了时间相干性良好而空间相干性较差的部分相干光。产生的部分相干光经准直后照射到空间光调制器上。

在实验中使用的是反射式 LCOS 空间光调制器，其分辨率为 1 024×768，像素间距是 9.5 μm，灰阶为 8 位 256 阶。空间光调制器能够根据加载的灰度图片对入射的部分相干光束进行调制，输出的光束具有与灰度图片结构相似的空间光强分布。由于这里使用的是空间光调制器的振幅调制功能，所以为了使输出光束的光强分布表现出尽可能高的明暗对比度，加载的灰度图被绘制为黑白位图。这样光波在通过白色像素区域时振幅值最大，通过黑色像素区域时振幅值最小，从而使输出的光强图案呈现出显著的明暗对比度。空间光调制器输出的光强图像经过双透镜组成的 $4f$ 系统压缩后投射到一块掺铁铌酸锂晶体上。该 $4f$ 系统由两个透镜 L$_3$ 和 L$_4$ 组成，两透镜的间距等于两者的焦距之和，且 $f_3/f_4=8$。空间光调制器和掺铁铌酸锂晶体分别位于两个透镜的焦平面上。在这种情况下，在晶体的前表面上可以得到无畸变的缩小倒立图像，且该图像与空间光调制器调制输出的光强图案类似。通过调节空间光调制器上加载灰度图片的缩放比例，即调整图片中一个周期所占的像素数，可以改变晶体上投射的光强图案的周期尺度。当空间光调制器上加载的图案结构以 N 个像素为一个周期时，由于空间光调制器的像素间距是 9.5 μm，所以空间光调制器上显示的灰度图案结构周期约为 9.5N μm。入射光波经过空间光调制器的调制，然后被 $4f$ 系统压缩（压缩倍比为 8：1），缩小倒置的结构图像照射到晶体上，其结构周期约为 $(9.5N/8)\mu$m。

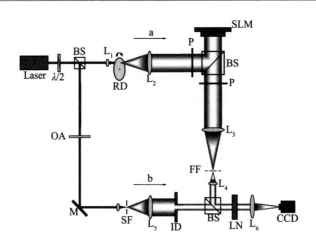

图 5-9　投影成像方法制备二维复杂类型光子微结构的实验装置示意图

$\lambda/2$—半波片；OA—光衰减器；SF—空间滤波器；$L_1 \sim L_6$—透镜；P—偏振片；

SLM—空间光调制器；BS—分束器；M—反射镜；FF—频谱滤波器；

ID—可变光阑；RD—旋转漫射器；LN—掺铁铌酸锂晶体

实验中往往存在一些杂散光(如前部光路器件的反射、周围墙壁环境的漫反射)，这些杂散光虽然强度较弱，但是它们散射到晶体周围会提高晶体暗环境的亮度，降低了辐照光强图案的明暗对比度。这对制作清晰稳定的折射率结构是很不利的。因此，我们在 $4f$ 系统的焦平面上放置一个可变光阑作为频谱滤波器，调节光阑的孔径只允许投影的光束透过去照射晶体。这样就能在频谱面上滤掉从前部散射过来的大部分杂散光，使晶体的暗环境得到优化，有助于提高投影辐照光的明暗对比度。投射到晶体前表面上的辐照光强度为 $40.7 \sim 45.2\ \mathrm{mW/cm^2}$，它在晶体内传播能够引起介质发生相应的折射率变化。掺铁铌酸锂晶体的尺寸为 $10\ \mathrm{mm} \times 10\ \mathrm{mm} \times 3\ \mathrm{mm}$，Fe 的质量分数为 0.03%。光路 b 是用来对晶体内制作的复杂光子微结构进行导波强度图像观测。衰减后的激光束经过扩束和准直，作为平面探测光束辐照在已经感应出折射率微结构的晶体上。探测光的偏振方向与晶体的 c 轴平行(e 偏振光)。在成像透镜后面的 CCD 相机可以拍摄到晶体内复杂折射率微结构的导波强度图像。

我们首先在掺铁铌酸锂晶体中制作出了波浪状栅格微结构，具体实验结果如图 5-10 所示。在计算机上很容易绘制出形如图 5-10(a)的波浪形栅格黑白图案。将该黑白图案加载到空间光调制器上,部分相干光束在经过空间光调制器的调制后投射到晶体上。晶体前表面上拍摄到的辐照光光强图像也呈现出波浪状的空间分布特点,如图 5-10(b)所示。经过适当的辐照,晶体内将会感应出与辐照光强图案类似的折射率结构。图 5-10(c)是在探测光照明下,CCD 相机拍摄的晶体内折射率微结构的导波强度图像。该图中可以清晰地观察到晶体内的折射率分布呈现出波浪状的栅格结构,这与计算机上绘制的黑白图案具有相似的结构分布。图中的比例尺为 17 μm。这种微结构几乎不可能通过多光束干涉的方式来产生。由于掺铁铌酸锂晶体是一种自散焦光折变材料,在光辐照区域产生负的折射率变化(即折射率变小),因此,在平面探测光束照明下晶体内折射率微结构的导波强度图像与感应微结构的辐照光强度图案相比将会出现明暗反转[40]。

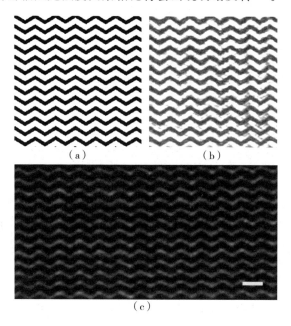

(a)

(b)

(c)

图 5-10 投影成像法制作波浪状栅格微结构的实验结果图

(a)计算机上绘制的波浪形栅格黑白图案;(b)初始时刻在晶体前表面上拍摄到的辐照光空间光强分布图像;(c)晶体内感应出的波浪状栅格微结构的导波强度图像,图中的比例尺为 17 μm

　　同样的原理,我们通过绘制不同结构图案的方式在晶体内制作了几种带有不同缺陷的复杂光子微结构。典型的实验结果如图 5-11 所示。图 5-11(a)～(c)是计算机绘制的带有不同类型缺陷周期性结构的黑白位图。图5-11(d)～(f)是根据图 5-11(a)～(c)的结构图用投影成像法制作出的具有不同缺陷的光子微结构对应的导波强度图像,图中的比例尺均为 18 μm。图 5-11(d)是带有一个点缺陷的四方晶格折射率微结构,图 5-11(e)是带有线状缺陷和分支结构的二维三角晶格折射率微结构,图 5-11(f)是一种带有阵列型缺陷的二维周期性折射率微结构。这些制作的复杂光子微结构为研究光折变材料中光学微腔和微结构波导的非线性光学特性提供了一个良好的实验基础。

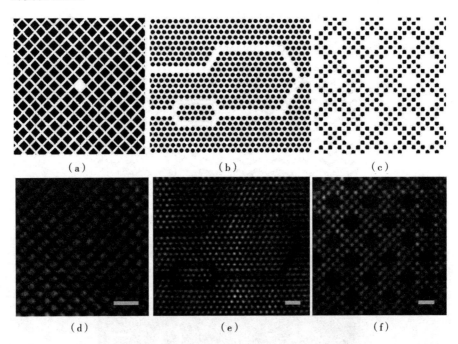

图 5-11　投影成像法制作带有不同缺陷的复杂光子微结构的实验结果图

(a)～(c)分别是计算机上绘制的带有不同类型缺陷周期性结构的黑白图案;(d)晶体内感应出的带有单个点缺陷的四方晶格微结构的图像;(e)晶体内带有线状缺陷和分支结构的三角晶格微结构图像;(f)晶体内带有阵列型缺陷的二维周期性微结构的图像;以上图中的比例尺均为 18 μm

由于实验中用于投影成像的光学系统(即图 5-9 中由 L_3 和 L_4 组成的系统)是一种 $4f$ 配置,所以清晰无畸变的光强分布图像仅能在 L_4 的后焦平面上获得。在任何偏离 L_4 后焦平面的位置上,光强图案都会产生一定的畸变,且偏离焦平面的位置越远,发生的畸变越严重。这会使投影的图像失真模糊,无法在晶体内感应出清晰的折射率微结构。因此即便是晶体严格地位于 L_4 的后焦平面上,晶体内感应出的清晰折射率微结构也只存在于焦平面附近区域,大约 0.2 mm 的厚度范围。透镜 L_4 的焦距越长,图像在偏离焦平面时引起的畸变效果越不显著。因此,使用长焦距的透镜来做 L_4 有利于提高晶体中制作的折射率微结构纵向上的厚度,但是这样会使光学系统的压缩倍率降低。为了保证系统的压缩倍率就不得不相应地增加透镜 L_3 的焦距长度,而系统的孔径不变,这就会导致光学系统的分辨率降低,不利于制作较小周期的结构。

5.3　本章小结

综合以上内容,我们采用多光束干涉和投影成像的方法先后在掺铁铌酸锂晶体中制作出不同类型的复杂光子微结构。其中多光束干涉的方法适合于制作复合周期的光子微结构。较多数目光束产生干涉可以通过多透镜板和多针孔板来实现,方法简便,易于制作。投影成像的方法是利用液晶空间光调制器来产生具有任意空间强度分布的光强图案。该方法弥补了多光束干涉方式的不足,适合制作多光束干涉无法产生的复杂光子微结构,如波浪状栅格微结构和各种带缺陷的光子微结构。投影成像法不需要对空间光调制器进行复杂的编程控制,易于操作。这两种实验方法都非常灵活,可以扩展制作折射率分布更加复杂的光子微结构。制作的复合周期光子微结构和复杂类型光子微结构为研究光学微腔和微结构波导的非线性光学特性提供了一个良好的实验媒介,在集成光学和微结构光波导领域也具有很大的应用价值。

参考文献

[1] Lederer F,Stegeman G I,Christodoulides D N,et al. Discrete solitons in optics[J]. Physics Reports,2008,463(1):1-126.

[2] Ebnali-Heidari A,Prokop C,Ebnali-Heidari M,et al. A Proposal for Loss Engineering in Slow-Light Photonic Crystal Waveguides[J]. Journal of Lightwave Technology,2015,33(9):1905-1912.

[3] Wang A. Advances in microstructured optical fibres and their applications [D]. University of Bath,2007.

[4] Zhang P,Efremidis N K,Miller A,et al. Observation of coherent destruction of tunneling and unusual beam dynamics due to negative coupling in three-dimensional photonic lattices[J]. Optics Letters,2010,35 (19):3252-3254.

[5] Zhang P,Efremidis N K,Miller A,et al. Reconfigurable 3D photonic lattices by optical induction for optical control of beam propagation[J]. Applied Physics B,2011,104(3):553-560.

[6] Trifonov T,Marsal L F,Rodriguez A,et al. Effects of symmetry reduction in two-dimensional square and triangular lattices[J]. Physical Review B,2004,69(23):235112.

[7] Altug H,Vučković J. Two-dimensional coupled photonic crystal resonator arrays[J]. Applied Physics Letters,2004,84(2):161-163.

[8] Altug H,Vučković J. Polarization control and sensing with two-dimensional coupled photonic crystal microcavity arrays[J]. Optics Letters, 2005,30(9):982-984.

［9］ Happ T D,Kamp M,Forchel A,et al. Two-dimensional photonic crystal coupled-defect laser diode［J］. Applied Physics Letters,2003,82(1):4-6.

［10］ Altug H,Vučković J. Experimental demonstration of the slow group velocity of light in two-dimensional coupled photonic crystal microcavity arrays［J］. Applied Physics Letters,2005,86(11):111102.

［11］ Chan Y,Zimmer J P,Stroh M,et al. Incorporation of luminescent nanocrystals into monodisperse core-shell silica microspheres［J］. Advanced Materials,2004,16:2092-2097.

［12］ 仇高新,林芳蕾,李永平.利用复式晶胞实现二维正方形布拉菲格子光子晶体的完全带隙［J］.物理学报,2003,52(3):600-603.

［13］ 庄飞,肖三水,何江平,等.二维正方各向异性碲圆柱光子晶体完全禁带中缺陷模的 FDTD 计算分析和设计［J］.物理学报,2002,51(9):2167-2172.

［14］ Chen S,Li D,Zhi-Hui Y. Band gap widening by photonic crystal heterostructures composed of two dimensional holes and diamond structure［J］. Journal of Applied Physics,2013,113(21):213701.

［15］ Özbay E,Abeyta A,Tuttle G,et al. Measurement of a three-dimensional photonic band gap in a crystal structure made of dielectric rods［J］. Physical Review B,1994,50(3):1945.

［16］ Noda S,Tomoda K,Yamamoto N,et al. Full three-dimensional photonic bandgap crystals at near-infrared wavelengths［J］. Science,2000,289(5479):604-606.

［17］ Fan S,Villeneuve P R,Meade R D,et al. Design of three-dimensional photonic crystals at submicron lengthscales［J］. Applied Physics Letters,1994,65(11):1466-1468.

［18］ Deubel M,Von Freymann G,Wegener M,et al. Direct laser writing of three-dimensional photonic-crystal templates for telecommunications

[J]. Nature Materials,2004,3(7):444-447.

[19] Wijnhoven J E G J,Vos W L. Preparation of photonic crystals made of air spheres in titania[J]. Science,1998,281(5378):802-804.

[20] Dong W,Bongard H J,Marlow F. New type of inverse opals:titania with skeleton structure[J]. Chemistry of Materials,2003,15(2):568-574.

[21] Lü H,Zhao Q L,Zhang Q Y,et al. Fabrication of two-dimensional superposed microstructure by interference lithography[J]. Applied Optics,2012,51(3):302-305.

[22] Liang G Q,Mao W D,Zou H,et al. Holographic formation of large area split-ring arrays for magnetic metamaterials[J]. Journal of Modern Optics,2008,55(9):1463-1472.

[23] Matoba O,Ichioka Y,Itoh K. Array of photorefractive waveguides for massively parallel optical interconnections in lithium niobate[J]. Optics Letters,1996,21(2):122-124.

[24] Jia X,Jia T Q,Ding L E,et al. Complex periodic micro/nanostructures on 6H-SiC crystal induced by the interference of three femtosecond laser beams[J]. Optics Letters,2009,34(6):788-790.

[25] Xiong P,Jia T,Jia X,et al. Ultraviolet luminescence enhancement of ZnO two-dimensional periodic nanostructures fabricated by the interference of three femtosecond laser beams[J]. New Journal of Physics,2011,13(2):023044.

[26] Zhang P,Egger R,Chen Z. Optical induction of three-dimensional photonic lattices and enhancement of discrete diffraction[J]. Optics Express,2009,17(15):13151-13156.

[27] Xavier J,Rose P,Terhalle B,et al. Three-dimensional optically induced reconfigurable photorefractive nonlinear photonic lattices[J]. Optics

Letters,2009,34(17):2625-2627.

[28] Boguslawski M,Rose P,Denz C. Nondiffracting kagome lattice[J]. Applied Physics Letters,2011,98(6):061111.

[29] Jin W,Gao Y. Optically induced three-dimensional nonlinear photonic lattices in LiNbO₃:Fe crystal[J]. Optical Materials,2011,34(1):143-146.

[30] Boguslawski M,Kelberer A,Rose P,et al. Multiplexing complex two-dimensional photonic superlattices[J]. Optics Express,2012,20(24):27331-27343.

[31] 王仕璠. 信息光学理论与应用[M]. 第 3 版. 北京:北京邮电大学出版社,2013.

[32] 苏显渝. 信息光学[M]. 第二版. 北京:科学出版社,2011.

[33] Goodman J W. Introduction to Fourier optics[M]. Roberts and Company Publishers,2005.

[34] Qi X Y,Liu S M,Guo R,et al. The linear and nonlinear optical effects of white light[J]. Science in China Series G:Physics,Mechanics and Astronomy,2009,52(5):649-664.

[35] Liu X,Beckwitt K,Wise F. Transverse instability of optical spatiotemporal solitons in quadratic media[J]. Physical Review Letters,2000,85(9):1871.

[36] Zhu N,Guo R,Liu S,et al. Spatial modulation instability in self-defocusing photorefractive crystal LiNbO₃:Fe[J]. Journal of Optics A:Pure and Applied Optics,2006,8(2):149.

[37] Kip D,Soljacic M,Segev M,et al. Modulation instability and pattern formation in spatially incoherent light beams[J]. Science,2000,290(5491):495-498.

[38] Soljacic M,Segev M,Coskun T,et al. Modulation instability of inco-

herent beams in noninstantaneous nonlinear media[J]. Physical Review Letters,2000,84(3):467.

[39] Martin H,Eugenieva E D,Chen Z,et al. Discrete solitons and soliton-induced dislocations in partially coherent photonic lattices[J]. Physical Review Letters,2004,92(12):123902.

[40] Zhu N,Liu Z,Guo R,et al. A method of easy fabrication of 2D light-induced nonlinear photonic lattices in self-defocusing LiNbO$_3$:Fe crystal[J]. Optical Materials,2007,30(4):527-531.

第 6 章　光折变光子微结构的布拉格 光学特性研究

6.1　布拉格衍射与布拉格条件

在制作光折变光子微结构的过程中,介质的折射率分布在辐照光的调制下呈现出周期性特点,这就形成了一种类似于光栅的结构[1-5]。由于光折变晶体的厚度(几个毫米)远远大于晶体内折射率微结构的周期尺度(十个微米左右),所以光折变光子微结构可以被看作是一种体相位栅(厚光栅)[6-8]。光波在体相位栅中传播时,在满足一定的条件下会产生布拉格衍射现象。布拉格衍射产生的条件最初是在研究晶体结构对 X 射线的衍射中得出的[9-10]。

自然界中的晶体具有周期性的空间结构,这是晶体中的原子、分子或离子在空间中呈周期性排列的结果。具有空间周期性的晶体可以看作是立体的光栅(厚光栅)。晶体的周期结构尺度很小,通常在纳米甚至 0.1 nm 的数量级,而 X 射线的波长正好在这个数量级附近,与晶体结构的周期尺度相匹配,所以 X 射线在晶体中传播时会出现明显的衍射现象[11-14]。如图 6-1 所示,晶体结构形态可以简化为一系列相互平行的原子层(或分子层、离子层,称其为晶面),晶面的间距 d 叫作晶格常数。当一束平面波形式的 X 射线以掠射角 φ 入射到晶体上时,晶体中的每一个原子(或分子、离子,即图中的圆点)作为一个子波源会向各个方向发出散射波。这些散射波会发生叠加干涉。同一个晶面上的各个原子发出的散射波相互干涉会使衍射波在晶面的镜面反射方向具有最大的衍射强度,即满足反射定律,这样的衍射波叫作反射线,如图 6-1(a)所示。而相邻两晶面间的反射线,其光程差由图 6-1(b)可知满足关系式 $\delta = AC + CB = 2d\sin\varphi$。因此,各晶面的反射线相互加强的条件为

$$2d\sin\varphi = k\lambda \quad (k = 1,2,3,\cdots) \tag{6.1}$$

该式被称作布拉格公式[15]。满足该公式的掠射角 φ 被称作布拉格角。从各个晶面上散射的 X 射线,只有在满足布拉格衍射条件时才能相互加强,形成最明显的衍射亮斑。因此,在已知晶体的具体结构时,利用 X 射线的布拉格衍射可以计算入射 X 射线的波长。反过来,在已知 X 射线波长时,可以根据布拉格衍射来测定晶体的晶面间距[16,17]。这为测定晶体的结构特性提供了很大的便利。

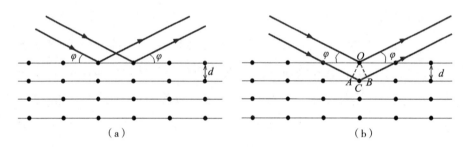

图 6-1 X 射线在晶面上的布拉格衍射

(a)同一晶面上 X 射线的衍射叠加;(b)不同晶面间 X 射线的衍射叠加

布拉格衍射并不是 X 射线独有的性质,在满足布拉格衍射条件的情况下,可见光波段的光波同样可以产生布拉格衍射现象[18-22]。光折变光子微结构的折射率分布与晶体结构类似,也可以看作是一种立体的光栅。因此,使用波长已知的激光束对光折变光子微结构进行布拉格衍射实验测试,就能够对光子微结构中折射率调制构成的晶面做出定量的分析。这对验证和研究光折变晶体中制作的各种光子微结构的结构分布特性具有很大的帮助。在这部分内容中,我们以 4.2 节中制作的大面积二维四方晶格光子微结构为测试样品,通过布拉格衍射测量,对制作的光折变光子微结构进行定量的分析。这有助于我们加深对光折变光子微结构性质的理解和认识。

6.2　正向入射的布拉格衍射分析

对光折变晶体中的光子微结构进行布拉格衍射测量的实验装置如图 6-2 (a)所示。一块已经制作出光子微结构的掺铁铌酸锂晶体被放置在精密旋转台上。晶体内是用四楔面棱镜法制作的大面积二维四方晶格微结构。Nd：YAG 固态激光器发出波长为 532 nm 的激光束经过衰减片衰减，作为小功率的探测光照射到晶体上。光功率计位于晶体的正后方，它能够测量出晶体中透射的探测光的功率大小。由于精密旋转台可以带动晶体在水平面内自由精密的转动，所以探测光束与晶体前表面之间的夹角也能自由地改变。这等效于晶体固定不动，探测光以不同的入射角照射晶体。

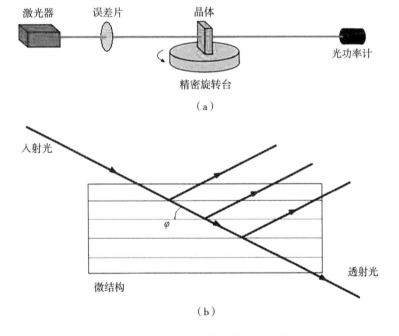

（a）

（b）

图 6-2　光子微结构的布拉格衍射分析

（a）对光子微结构进行布拉格衍射测量的实验装置示意图；（b）当探测光的入射角满足布拉格条件时，透射光光强被微结构逐层衰减的示意图

当探测光束在晶体内传播时,光波必然会受到晶体内折射率微结构的调制影响,传播行为发生一定程度的改变。其中满足布拉格衍射条件的光波会受到布拉格衍射的作用而偏离原来的传播方向,使探测光束在透过晶体后光功率变小。当探测光束的入射角与光子微结构主晶面对应的布拉格角相匹配时,探测光的透射功率最低。这是由于晶体内的光子微结构是具有大量周期个数的立体结构,以布拉格角入射的探测光在透过折射率微结构的每一层晶面时都会产生明显的布拉格衍射效应,如图 6-2(b)所示。这导致原传播方向上的探测光能量被逐级地散射损失,从而使光功率计探测到的透射光强度大大降低。而当探测光的入射角与光子微结构主晶面的布拉格角不匹配时,光波在微结构中传播不满足布拉格衍射条件,衍射现象不明显。大部分探测光仍然按照原来的方向传播,光功率计探测到的透射光功率保持比较高的数值。因此,通过测量晶体在不同旋转角度时的透射光功率,得出一条与旋转角度相关的透射率曲线,就能够判断光子微结构在某个角度是否发生了布拉格衍射。然后根据布拉格公式就可以计算出发生布拉格衍射的折射率晶面间距。

在实验中,我们使用的探测光束辐照功率约为 0.005 mW,远远小于制作光子微结构时使用的辐照光的辐照功率。在这个强度水平上,探测光束既能够对晶体内的光子微结构进行布拉格衍射分析,同时又能避免对制作好的折射率微结构产生不良影响,不会引起额外的折射率的变化。

6.2.1 晶体正向放置

由于布里渊区是由布拉格衍射面围成的区域,所以在布里渊区的边界处必然会出现布拉格衍射[23-25]。通过对光子微结构的布里渊区结构图案进行分析,就能对旋转角度相关的透射曲线的一些特点做出推断。在实验中首先要测试晶体正向放置时的透射曲线。在该情况下,掺铁铌酸锂晶体的 c 轴与水平方向垂直,晶体内光子微结构的排列方式如图 6-3(a)所示,对应的布里渊区结构图案如图 6-3(b)所示。由于精密旋转台是水平转动的,所以不同角度入射的探测光组成的扫描轨迹在布里渊区结构图上的投影是一条通过图案中心的水平线,如图 6-3(b)所示。该扫描轨迹投影线与光子微结构的布里渊区结构图案存在交点,交点位于布里渊区的边界上,所以这些交点处必然会发生布拉格衍射。这意味着在测量的透射曲线中,上述交点对应的位置将会出现明显的透射率降低。布里渊区图与扫描轨迹线有几个交点,透射曲线上就会出现几个透射率极小值。图 6-3(b)中扫描轨迹投影线与布里渊区图案具有 A、B 两个交点,且 A、B 两点到布里渊区中心的距离相等左右对称。这表明测试的透射曲线也应该具有两个极小值,并且两个极小值对应的角度大小相等、方向相反。

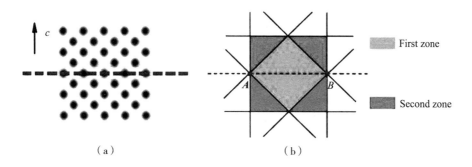

（a）　　　　　　　　　　　　（b）

图 6-3　晶体正向放置

(a)探测光束的扫描轨迹在光子微结构上的投影示意图;(b)探测光束的扫描轨迹在光子微结构的布里渊区结构图上的投影示意图。A、B 分别为探测光束扫描轨迹与布里渊区边界的交点

　　实验测得晶体正向放置时的透射曲线经过归一化后的结果如图 6-4 所示。曲线中存在两个明显的凹陷,分别对应着 −1.79° 和 1.80°。这表明以这两个角度入射的探测光束在光子微结构中发生了强烈的布拉格衍射,使透射光功率大大降低。这两个角度就是晶体正着放置时微结构的折射率晶面对应的布拉格角。−1.79° 和 1.80° 数值比较接近,在误差允许的范围内,可以认为这两个角度的大小是相等的。这与前面布里渊区结构图案的分析预测结果相符。实验中使用的探测光束波长为 $\lambda = 532$ nm,由于图 6-3(b)中交点 A 和 B 均位于第一布里渊区的边界上,所以布拉格衍射的级次是 1,即布

拉格公式中取 $k=1$。将测得的布拉格角度代入布拉格公式计算可得,发生布拉格衍射的晶面间距约为 $8.5\ \mu m$。由于该光子微结构是第四章第二节制作的大面积二维四方晶格结构,其晶格周期已测定为 $12\ \mu m$,所以通过计算得出发生布拉格衍射的折射率结构晶面间距符合图 6-4 中晶面 X 和 Y 之间的距离。因此,在晶体正着放置(晶体 c 轴与水平方向垂直)的情况下,布拉格衍射发生在光子微结构的 X、Y 晶面上。

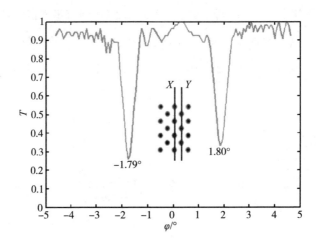

图 6-4　晶体正向放置时经过归一化后的透射功率曲线

中间的插图表示该情况下布拉格衍射发生在微结构的 X、Y 晶面

将图 6-2(a)中晶体后面的光功率计撤去,换成观察屏。转动精密旋转台,在观察屏上就可以观测到不同的旋转角度下光子微结构对应的远场衍射图样。图 6-5 显示了几个特殊角度情况下的远场衍射图样。图 6-5(a)和(c)分别对应着透射曲线中的两个凹陷位置,即探测光束以布拉格衍射角入射时的情况。图 6-5(b)是探测光束正入射时的情况。从这些图中可以发现,在不同的入射角度下衍射光斑图案的强度分布表现出明显的差异。当探测光正入射时,衍射光斑图案的中央亮斑最亮,周围的衍射光斑强度都比较暗。这时光波在光子微结构中的传播不满足布拉格衍射条件,大部分探测光能量都集中在原方向,所以在透射曲线上该处的透过率很高。而在探测光以布拉格角入射的时候,衍射光斑图案的强度分布发生了明显的转移。

中央亮斑的强度降低,而最接近中央亮斑的两个一级衍射光斑却呈现出了最大的亮度。这正是由于光波在光子微结构中发生了布拉格衍射,使大部分入射光能量转移到了中央光斑邻近的一级衍射光斑上。因此,在透射曲线上对应布拉格角度的位置,透射率出现了明显的降低。这些不同角度的远场衍射图样也为验证光子微结构中的布拉格衍射提供了有力的证据。

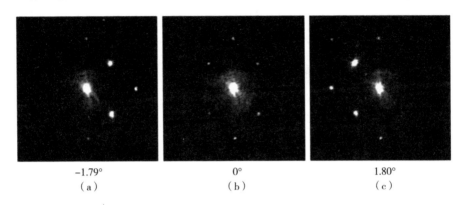

| −1.79° | 0° | 1.80° |
| (a) | (b) | (c) |

图 6-5　晶体正向放置时,探测光正入射和满足两个布拉格角时分别对应的远场衍射图样

(a)和(c)分别是以布拉格角入射时对应的远场衍射图样;

(b)正入射时对应的远场衍射图样

6.2.2　晶体斜 45°放置

同样地,我们将晶体旋转 45°放置在精密旋转台上。此时晶体的 c 轴与水平方向成 45°。在这种情况下,晶体内的光子微结构排列方式如图 6-6(a)所示,该结构对应的布里渊区结构图案如图 6-6(b)所示。探测光的扫描轨迹在该布里渊区图案上的投影同样是一条通过布里渊区中心的水平线。在图中可以发现扫描轨迹线与布里渊区结构图案存在 C,D,E,F 四个交点。这四个交点中 C 和 D,E 和 F 分别关于布里渊区中心对称,且各个交点到中心的距离满足 $OE=OF=2OC=2OD$。这意味着测出的透射曲线将具有四个极小值点。

图 6-7 是晶体旋转 45°放置时测试的透射曲线经过归一化后的结果图,可以发现透射曲线上具有四个明显的凹陷,对应的旋转角度分别是 $-2.48°$,$-1.24°,1.25°,2.49°$。其中绝对值大的两个角度对应的凹陷深度较大,而

绝对值小的两个角度对应的凹陷较小。这可以通过图 6-6(b)中的布里渊区结构图案进行解释。绝对值较小的两个角度对应着布里渊区结构图案中的 C,D 两交点。这两个交点仅处在一个布拉格衍射面上。而绝对值大的两个角度对应着布里渊区结构图案中的 E,F 两交点,这两个交点正好位于两个布拉格衍射面的相交处,会受到双重的布拉格衍射作用。因此,绝对值较大的两个角度产生的布拉格衍射效果更强烈,在透射曲线中对应位置的透射率也就更低。这四个角度都产生布拉格衍射,所以它们都是布拉格角。在误差允许的范围内,绝对值大的角度度数等于绝对值小的角度度数的两倍。这与图 6-6(b)中各交点到布里渊区中心的距离比例关系相吻合,这表明理论预测和实验测试的结果相符合。其中绝对值较大的两个角度对应的布里渊区交点 E,F 位于第二布里渊区边界上,因此它们的衍射级次取 $k=2$,而绝对值较小的两个角度对应的布里渊区交点 C,D 位于第一布里渊区的边界上,因此它们的衍射级次取 $k=1$。将数值代入布拉格公式计算可得,在该情况下产生布拉格衍射的晶面间距为 $12.2\ \mu m$。这与光子微结构的晶格周期数值相接近,所以在晶体旋转 45° 放置的条件下,布拉格衍射发生在光子微结构的 M,N 晶面上,如图 6-7 所示。

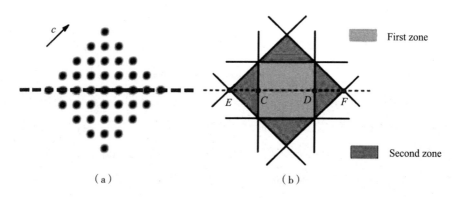

（a）　　　　　　　　　　　　　（b）

图 6-6　晶体旋转 45°放置

（a）探测光束的扫描轨迹在光子微结构上的投影示意图;（b）探测光束的扫描轨迹在光子微结构的布里渊区结构图上的投影示意图;C,D,E,F 分别为探测光束扫描轨迹与布里渊区边界的交点

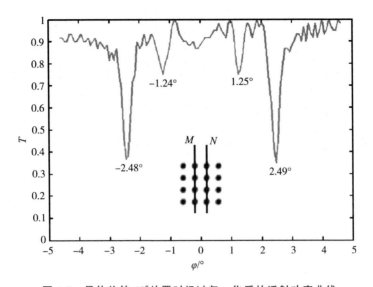

图 6-7　晶体旋转 45°放置时经过归一化后的透射功率曲线

中间的插图表示该情况下布拉格衍射发生在微结构的 M、N 晶面

图 6-8 给出了晶体旋转 45°放置时,不同入射角度下观察屏上观测到的光子微结构的远场衍射图样。图 6-8(a)、(b)和(d)、(e)分别对应着透射曲线测出的四个布拉格角,图 6-8(c)是探测光正入射的情况。可以发现随着入射角度的不同,衍射光斑的强度分布同样表现出了很大的差异。在正入射时,探测光强度主要集中在中央亮斑。对于较小角度的布拉格角入射情况,衍射光斑强度出现了转移,在布拉格衍射的作用下,大部分光能量转移到了距离中央光斑最近的一级衍射光斑上。而探测光束以较大角度的布拉格角入射时,光能量进一步发生转移。距离中心光斑较远的二级衍射光斑呈现了较高的亮度。这是由于二级的布拉格衍射作用,使探测光的能量发生更强烈的转移,使中央光斑的强度进一步降低。这与透射曲线中存在四处凹陷的情况相吻合,从另一个角度验证了光子微结构中发生布拉格衍射的情况。

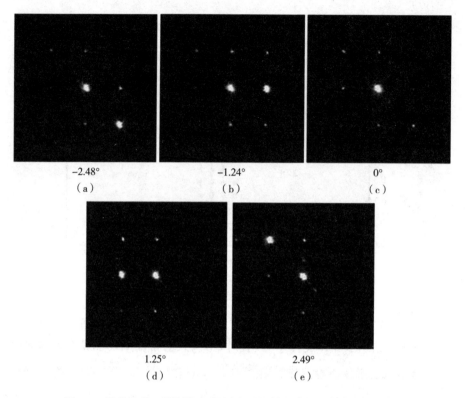

−2.48°

（a）

−1.24°

（b）

0°

（c）

1.25°

（d）

2.49°

（e）

图 6-8　晶体旋转 45°放置时，探测光正入射和满足四个布拉格角时

分别对应的远场衍射图样

（a）、（b）和（d）、（e）分别是以布拉格角入射时对应的远场衍射图样；

（c）正入射时对应的远场衍射图样

6.3　侧向入射的布拉格衍射分析

利用探测光从侧向照射晶体也能在光子微结构中产生布拉格衍射，从而对光子微结构的结构特点做出定量的分析。将晶体"躺倒"放置在精密旋转台上，探测光束从晶体的侧面照射晶体。转动旋转台能够改变侧向入射的探测光与晶体表面的夹角。当旋转角度使探测光与光子微结构之间满足布拉格衍射条件时，晶体后方的观察屏上会呈现出明显的衍射亮斑。在该情况下,中心光斑与一级布拉格衍射光斑的夹角正好是等于布拉格角的两倍,如图 6-9 所示。因此通过测量中央亮斑与一级衍射光斑的夹角,就可以得出相应的布拉格角,进而由布拉格公式计算出光子微结构中发生布拉格衍射的晶面间距。

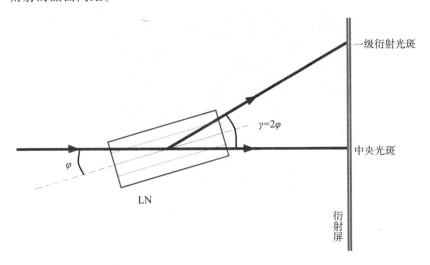

图 6-9　布拉格衍射光斑与中央亮斑的夹角 γ 同布拉格角 φ 之间的关系

在不同的旋转角度下,观察屏上既能显示出布拉格衍射的一级衍射光斑,又能显示出二级衍射光斑,如图 6-10 所示。通过测量观察屏上一级衍射光斑和中央亮斑之间的距离 D_1 以及观察屏到晶体的距离 L,可以计算出一级衍射光斑与中央亮斑之间的夹角 γ_1 为 $3.50°$。这意味着在该情况下对应的布拉格角 φ_1 为 $1.75°$。代入布拉格公式进行计算可得,发生布拉格衍射的晶面间距为 $8.7\ \mu m$。同样的原理可以测量出二级衍射光斑和中央亮斑的夹角 γ_2 为 $6.98°$,对应的二级布拉格角 φ_2 为 $3.49°$。将数据代入布拉格公式,并取衍射级次 $k=2$,得出的晶面间距也等于 $8.7\ \mu m$,这表示布拉格衍射的一级衍射和二级衍射均来自相同的晶面结构。这与上一节中晶体正向放置时测得的实验结果相接近。因此在探测光侧向入射时光子微结构中发生布拉格衍射的是 X,Y 晶面,如图 6-10 右上角所示。

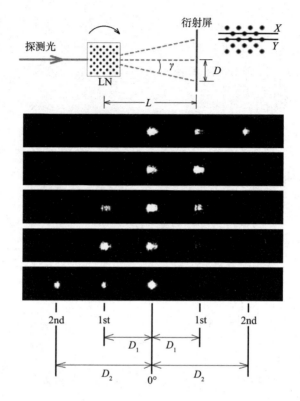

图 6-10　探测光从侧向入射时，观察屏上拍摄到的布拉格衍射光斑图案

图的上部是探测光侧向入射的示意图；右上角的插图表示该条件下布拉格衍射发生在光子微结构的 X,Y 晶面

6.4　本章小结

综合以上内容，我们以制作的大面积二维四方晶格光子微结构为测试对象，从实验上对光子微结构进行了布拉格衍射测试。通过正向入射和侧向入射两种方式实现了光子微结构中晶面间距的测定。实验结果和理论预测的情况相符合。这些工作对光子微结构进行了定量的分析和验证，有助于进一步量化研究光子微结构的各种特性，有利于相关光子微结构器件的开发和应用。

参考文献

［1］ Terhalle B,Desyatnikov A S,Bersch C,et al. Anisotropic photonic lattices and discrete solitons in photorefractive media［J］. Applied Physics B,2007,86(3):399-405.

［2］ Xavier J,Rose P,Terhalle B,et al. Three-dimensional optically induced reconfigurable photorefractive nonlinear photonic lattices［J］. Optics Letters,2009,34(17):2625-2627.

［3］ Song T,Liu S M,Guo R,et al. Observation of composite gap solitons in optically induced nonlinear lattices in $LiNbO_3$:Fe crystal［J］. Optics Express,2006,14(5):1924-1932.

［4］ Qi X,Liu S,Guo R,et al. Defect solitons in optically induced one-dimensional photonic lattices in $LiNbO_3$:Fe crystal［J］. Optics Communications,2007,272(2):387-390.

［5］ Jin W,Gao Y. Optically induced three-dimensional nonlinear photonic lattices in $LiNbO_3$:Fe crystal［J］. Optical Materials,2011,34(1):143-146.

［6］ Staebler D L,Amodei J J. Coupled-wave analysis of holographic storage in $LiNbO_3$［J］. Journal of Applied Physics,1972,43(3):1042-1049.

［7］ Goodman J W. Introduction to Fourier optics［M］. Roberts and Company Publishers,2005.

［8］ 陶世荃,江竹青,王大勇,等. 光学体全息技术及应用［M］. 北京:科学出版社,2013.

［9］ 姚启钧原著. 光学教程［M］. 第三版. 北京:高等教育出版社,2002.

［10］ 赵凯华. 新概念物理教程:光学［M］. 北京:高等教育出版社,2004.

［11］ Cook E,Fong R,Horrocks J,et al. Energy dispersive X-ray diffraction as a means to identify illicit materials: A preliminary optimisation study[J]. Applied Radiation and Isotopes,2007,65(8):959-967.

[12] Drenth J. X-Ray Crystallography[M]. New York:John Wiley & Sons, Inc. ,2007.

[13] Kaszkur Z. Powder diffraction beyond the Bragg law:study of palladium nanocrystals[J]. Journal of Applied Crystallography,2000,33 (5):1262-1270.

[14] Del Río M S,Ferrero C,Chen G J,et al. Modeling perfect crystals in transmission geometry for synchrotron radiation monochromator design[J]. Nuclear Instruments and Methods in Physics Research Section A:Accelerators,Spectrometers,Detectors and Associated Equipment,1994,347(1-3):338-343.

[15]姜传海,杨传铮. 中子衍射技术及其应用[M]. 北京:高等教育出版社, 2012.

[16] Brennan S,Cowan P L. A suite of programs for calculating x-ray absorption,reflection,and diffraction performance for a variety of materials at arbitrary wavelengths[J]. Review of Scientific Instruments, 1992,63(1):850-853.

[17] Dejus R J,del Rio M S. XOP:A graphical user interface for spectral calculations and x-ray optics utilities[J]. Review of Scientific Instruments,1996,67(9):3356-3356.

[18] Míguez H,López C,Meseguer F,et al. Photonic crystal properties of packed submicrometric SiO_2 spheres [J]. Applied Physics Letters, 1997,71(9):1148-1150.

[19] Richel A,Johnson N P,McComb D W. Observation of Bragg reflection in photonic crystals synthesized from air spheres in a titania matrix [J]. Applied Physics Letters,2000,76(14):1816-1818.

［20］刘思敏,郭儒,许京军. 光折变非线性光学及其应用［M］. 北京:科学出版社,2004.

［21］Gajiev G M,Golubev V G,Kurdyukov D A,et al. Bragg reflection spectroscopy of opal-like photonic crystals［J］. Physical Review B, 2005,72(20):205115.

［22］Liu K,Schmedake T A,Tsu R. A comparative study of colloidal silica spheres:Photonic crystals versus Bragg's law［J］. Physics Letters A, 2008,372(24):4517-4520.

［23］Bartal G,Cohen O,Buljan H,et al. Brillouin zone spectroscopy of nonlinear photonic lattices［J］. Physical Review Letters,2005,94(16): 163902.

［24］Terhalle B,Träger D,Tang L,et al. Structure analysis of two-dimensional nonlinear self-trapped photonic lattices in anisotropic photorefractive media［J］. Physical Review E,2006,74(5):057601.

［25］Zhang P,Liu S,Lou C,et al. Incomplete Brillouin-zone spectra and controlled Bragg reflection with ionic-type photonic lattices［J］. Physical Review A,2010,81(4):041801.

第7章 总结与展望

7.1 本书总结

本书是对作者近年来在光折变光子微结构领域研究工作的总结和介绍。以光感应技术为基础,采用理论模拟与实验研究相结合的方式,对光折变晶体中制作多种类型的光子微结构进行了系统深入的研究。对当前的光感应制作方法进行了优化和改进,克服了先前制备方法中存在的装置复杂,制作结构单一,装置设备成本高,制备效率低等一系列问题。提出了多种制作不同类型光折变光子微结构的实验装置,以简单、廉价、高效的方式在掺铁铌酸锂晶体中制作出了多种大面积和复杂类型的光子微结构。由于掺铁铌酸锂晶体具备良好的信息存贮功能,所以制作的各种光子微结构能够在暗环境下较长时间稳定存在,并可以固化处理或擦除后重复使用。这使制作的各类光折变光子微结构具备了广阔的应用前景。总结全书,主要完成以下几个方面的研究工作:

1.准晶光子微结构的制备与表征

将多针孔板和透镜傅里叶变换作用相结合,非常简便地实现了多束相干平面波的复杂干涉,解决了长期以来光感应技术中难以实现任意多光束干涉的技术瓶颈。在掺铁铌酸锂晶体中制备出了二维十次对称的准晶微结构,并通过计算机数值模拟对制作的准晶光子微结构的结构特点进行了仿真预测,并使用导波强度图像、远场衍射图样、布里渊区光谱分析等实验手段对制作的二维准晶光子微结构进行了验证和表征。进一步对该实验装置进行扩展,产生了(5+1)束相干光波的干涉,在晶体内制作出了三维轴向准晶光子微结构。并对制作的三维微结构进行了多种实验手段的验证和表征。该实验方法的装置非常简单和灵活,不需要复杂的精密调节系统以及专门的减振设备,成本低廉,易于实现。更重要的是,这是首次在铌酸锂类晶体中制作出准晶类光子微结构。通过设计不同的多针孔板能够制作出更加复杂的二维和三维光折变准晶微结构。

2. 大面积光折变光子微结构的制备与表征

针对目前制作光子微结构效率不高,制备面积普遍偏小的缺点,提出了两种在光折变材料中制备大面积二维光子微结构的实验方案,分别使用多透镜板和多楔面棱镜来产生大面积的多光束干涉光场。这两种方法都比较简单,不需要复杂的调节装置,系统稳定性好,成本低廉,制作效率高。在掺铁铌酸锂晶体中分别制作出了几种不同的大面积二维周期性光子微结构和准晶微结构,极大地提高了光子微结构的制备效率。使用多种实验方法对制作的大面积光子微结构进行了验证和分析。多透镜板的方法既具备灵活简便、成本低、易于加工的优点,又提高了装置的通光效率,扩大了多光束干涉的光束直径,使光子微结构的制作面积相比于多针孔板法得到了显著的提高。多楔面棱镜的方法在产生多光束干涉时不需要对光波进行波形变换,因此结构更加简单,对装置精密调节的要求更低,系统更加稳定,更容易实现大面积光折变光子微结构的高效制备。

3. 复杂光折变光子微结构的制备与表征

利用多光束干涉和投影成像的方法在掺铁铌酸锂晶体中制作了不同类型的复杂光子微结构。成功地解决了传统光子微结构制备技术不易引入缺陷和难以实现任意形状微结构制作的难题。其中多光束干涉的方法适合于制作复合周期的光子微结构。较多数目光束产生干涉可以通过多透镜板和多针孔板来实现,方法简便,易于制作。投影成像的方法弥补了多光束干涉方式的不足,易于操作,适合用来制作多光束干涉无法产生的复杂光子微结构,比如波浪状栅格微结构和各种带缺陷的光子微结构。这两种制作方法都非常灵活,制作出的复杂类型光子微结构在光学微腔和微结构光波导领域具有良好的应用前景。

4. 光折变光子微结构的布拉格光学分析

利用光学上的布拉格衍射现象对制作的光折变光子微结构进行定量的分析。以制作的二维大面积四方晶格光子微结构为测试对象,从实验上对光子微结构进行了布拉格衍射测量。通过正向入射和侧向入射两种方式实现了光子微结构中折射率晶面间距的测定。实验结果和理论预测的情况相符合。对光子微结构进行布拉格光学分析,使我们掌握了一种定量表征光子微结构的方法。这些工作有利于进一步量化研究光子微结构的各种特性,促进相关微结构光子器件的开发和应用。

7.2 研究展望

本书的研究工作以光感应技术为基础,对制作各种类型的光折变光子微结构及其相关表征进行了系统深入的研究,取得了一些具有一定学术意义和应用价值的研究成果。然而在光折变光子微结构制备方面还存在一些尚未解决的问题。例如,在目前条件下制作亚微米量级的光折变光子微结构仍然比较困难。这一方面可能是所用的光折变材料的光感应分辨率有限,另一方面可能是当前多光束干涉方式产生的亚微米量级干涉条纹效果不理想。这些问题有待进一步地研究和解决。计划下一步开展的研究工作如下:

(1)对掺铁铌酸锂晶体的光感应分辨极限进行研究测定,探索光感应分辨率达到亚微米量级的新型光折变材料。改进现有的多光束干涉方式,提高系统的精密程度使其能实现更细微、更精密的干涉条纹。

(2)对制作的各种光折变光子微结构的光学特性进一步展开研究,尤其是对准晶光子微结构和复合周期光子微结构的结构进行定量的分析测试。采用仿真与实验相结合的手段,分析这些新型复杂光子微结构的光学特性,对其中的新现象进行预测和验证。以准晶光子微结构、复合周期光子微结构为基础开发微结构谐振腔、窄带滤波器、波分复用器等新型光子器件。

(3)通过对光折变光子微结构中新现象的研究,加深对光波在光子微结构体系中传播规律的理解和在微米、亚微米尺度下操控光波方法的认识,为实现多种手段控制光子运动提供新的思路。以制作的具有点状、线状和阵列缺陷的光子微结构为基础,进行仿真和实验研究,开发全光通信所需的光缓存、光开关和光互连等新型光子器件。